移动应用系列丛书

丛书主编 倪光南

跨平台移动 APP 设计及应用

张思民 主编

U0310894

中国铁道出版社

2017年·北京

内 容 简 介

本书是一本系统介绍手机 APP 及跨平台移动网站设计的入门书籍。全书共分 10 章，内容包括：跨平台移动 Web 基础知识、移动 Web 设计基础、jQuery 设计基础、jQuery Mobile 基础、Ajax 及远程服务器数据处理技术、访问远程数据库、PhoneGap 构建跨平台手机 APP，以及 3 个应用实例：在线试衣间、百度地图服务、瀑布流设计。

本书由浅入深、循序渐进地介绍了跨平台手机 APP 及移动 Web 网站设计的方法和设计思想，讲解详细，示例丰富，每一个知识点都配备了大量实例和图示说明，并进行详细的解析，对读者学习有很大的帮助，可以让读者轻松上手。

本书适合作为手机 APP 及跨平台移动网站设计的教材，也可供从事手机 APP 开发的工程技术人员自学使用。

图书在版编目（CIP）数据

跨平台移动 APP 设计及应用/张思民主编. —北京：
中国铁道出版社，2017.8（2017.12 重印）
（移动应用系列丛书）
ISBN 978－7－113－23184－2

Ⅰ. ①跨… Ⅱ. ①张… Ⅲ. ①移动终端－应用程序－
程序设计 Ⅳ. ①TN929.53

中国版本图书馆 CIP 数据核字（2017）第 167872 号

书　　名：**跨平台移动 APP 设计及应用**
作　　者：张思民　主编

策　　划：周海燕
责任编辑：周海燕　彭立辉　　　　　　　　　　　读者热线：（010）63550836
封面设计：乔　楚
责任校对：张玉华
责任印制：郭向伟

出版发行：中国铁道出版社（100054，北京市西城区右安门西街 8 号）
网　　址：http：//www. tdpress. com/51eds/
印　　刷：三河市华业印务有限公司
版　　次：2017 年 8 月第 1 版　　2017 年 12 月第 2 次印刷
开　　本：787 mm×1 092 mm　1/16　印张：15　字数：345 千
书　　号：ISBN 978－7－113－23184－2
定　　价：45.00 元

前　言

随着智能手机、平板计算机等智能移动设备的兴起与普及，运行在智能移动计算设备上的移动操作系统平台也在日新月异地发展，与此同时，也激起了移动系统应用程序的井喷式发展。智能移动设备领域中，平台多样性与移动应用程序快速发展的需要构成了一对矛盾，跨平台的手机 APP 及移动 Web 网站的应用及开发越来越受到重视。

本书从初学者的角度进行选材和编写，在编写过程中，注重基础知识和实战应用相结合。本书有以下几个特点：

（1）浅显易懂。本书从人们认知规律出发，对每一个概念，用简单的示例或图示来加以说明，并用短小的典型示例进行分析解释。

（2）内容新颖而实用。我们学习编程的目的是为了解决人们生活和生产实践中的问题，本书介绍了许多手机 APP 及移动 Web 应用程序的实用示例，可以帮助解决读者在学习和实际应用过程中所遇到的一些困难和问题。

（3）在体系结构的安排上将手机编程的基础知识和一般编程思想有机结合，对典型例题进行了详细的分析解释。

本书共分为 10 章，其内容简单介绍如下：

第 1 章介绍移动 Web 网站和手机 APP 应用程序的基础知识，让初学者对创建移动 Web 网站和移动 Web APP 应用程序有基本的认识。

第 2 章主要介绍 HTML 5 的文档设计、CSS 技术以及 JavaScript 语言基础知识，只有掌握好这些基础内容，才能为后面的学习奠定良好基础。

第 3 章主要介绍 jQuery 程序设计的基本知识，包括 jQuery 的下载与配置、jQuery 选择器对页面中的元素进行定位、jQuery 的事件处理、jQuery 自定义插件、jQuery 的动画与特效等内容。

第 4 章主要介绍跨平台的手机 APP 及移动 Web 网站的重要设计工具——jQuery Mobile，主要内容包括 jQuery Mobile 的程序基本结构、按钮与多页面结构、对话框设计、表单设计、列表和可折叠内容块等。

第 5 章主要介绍应用 jQuery 封装的 Ajax 技术，实现客户端与服务器端异步通信问题，主要内容包括 Ajax 技术、JSON 格式数据及向后台服务器提交数据的处理技术等。

第 6 章主要介绍移动 APP 怎样实现对远程网络数据库进行读/写数据的操作方法，并详细介绍了编写一个网络在线记事本应用程序的设计过程。

第 7 章主要介绍应用 PhoneGap 技术，编写跨平台手机 APP 的应用程序框架，把 Web 前端程序包装成一个跨平台的手机 APP 应用程序。

第 8 章主要介绍移动 Web 的一个 jQuery 应用的综合实例。在该实例中把复杂的综合问题拆解成多个功能单一的较小问题，循序渐进地讲解应用前端的 jQuery 程序完成页面布局，调用后台数据库完成所选择衣服的价格计算等方法。

第 9 章主要介绍应用百度地图 API 设计地图展现、搜索、定位、路线规划等应用程序设计的方法。

第 10 章详细介绍瀑布流的设计思路和设计方法。

本书适合具有初步网页设计与编程经验，并对开发移动网站和手机 APP 有兴趣的读者学习，不要求读者拥有在移动应用和大型网站开发方面的经验，适用于手机 APP 及移动网站开发的初学者。

笔者的联系方式如下：

E_ mail：zsm112233@163. com；作者空间：http：//1140793510. qzone. qq. com/2。

本书例题源程序可以在中国铁道出版社网站（http：//www. tdpress. com/51eds/）或作者网站空间(http：//1140793510. qzone. qq. com/2）下载。作者的网站还提供了相关资料下载、习题解答及电子课件，以帮助读者学习。

编　者
2017 年 4 月

目录

第1章　跨平台移动 Web 基础知识 ⋯⋯⋯⋯⋯⋯⋯⋯⋯⋯⋯⋯⋯⋯⋯ 1

1.1 移动 Web 开发概述 ⋯⋯⋯⋯⋯⋯⋯⋯⋯⋯⋯⋯⋯⋯⋯⋯⋯⋯⋯⋯⋯ 1

　1.1.1 移动 APP 的分类和移动 Web ⋯⋯⋯⋯⋯⋯⋯⋯⋯⋯⋯⋯⋯ 1

　1.1.2 移动 Web 与桌面 Web 的设计差异及设计要点 ⋯⋯⋯⋯ 2

1.2 手机屏幕分辨率 ⋯⋯⋯⋯⋯⋯⋯⋯⋯⋯⋯⋯⋯⋯⋯⋯⋯⋯⋯⋯⋯ 4

习题 ⋯⋯⋯⋯⋯⋯⋯⋯⋯⋯⋯⋯⋯⋯⋯⋯⋯⋯⋯⋯⋯⋯⋯⋯⋯⋯⋯⋯⋯⋯ 6

第2章　移动 Web 设计基础 ⋯⋯⋯⋯⋯⋯⋯⋯⋯⋯⋯⋯⋯⋯⋯⋯⋯⋯ 7

2.1 HTML——超文本置标语言 ⋯⋯⋯⋯⋯⋯⋯⋯⋯⋯⋯⋯⋯⋯⋯⋯ 7

　2.1.1 HTML 概述 ⋯⋯⋯⋯⋯⋯⋯⋯⋯⋯⋯⋯⋯⋯⋯⋯⋯⋯⋯⋯⋯ 7

　2.1.2 HTML 的应用示例 ⋯⋯⋯⋯⋯⋯⋯⋯⋯⋯⋯⋯⋯⋯⋯⋯⋯ 8

2.2 CSS 技术简介 ⋯⋯⋯⋯⋯⋯⋯⋯⋯⋯⋯⋯⋯⋯⋯⋯⋯⋯⋯⋯⋯⋯ 11

　2.2.1 CSS 的基本语法和用法 ⋯⋯⋯⋯⋯⋯⋯⋯⋯⋯⋯⋯⋯⋯⋯ 11

　2.2.2 CSS 的选择器 ⋯⋯⋯⋯⋯⋯⋯⋯⋯⋯⋯⋯⋯⋯⋯⋯⋯⋯⋯ 14

2.3 JavaScript 语言基础 ⋯⋯⋯⋯⋯⋯⋯⋯⋯⋯⋯⋯⋯⋯⋯⋯⋯⋯⋯ 17

　2.3.1 JavaScript 语法简介 ⋯⋯⋯⋯⋯⋯⋯⋯⋯⋯⋯⋯⋯⋯⋯⋯ 17

　2.3.2 JavaScript 系统内置函数 ⋯⋯⋯⋯⋯⋯⋯⋯⋯⋯⋯⋯⋯ 20

　2.3.3 JavaScript 自定义函数 ⋯⋯⋯⋯⋯⋯⋯⋯⋯⋯⋯⋯⋯⋯ 22

　2.3.4 JavaScript 事件 ⋯⋯⋯⋯⋯⋯⋯⋯⋯⋯⋯⋯⋯⋯⋯⋯⋯⋯ 25

　2.3.5 JavaScript 操作 HTML DOM 对象 ⋯⋯⋯⋯⋯⋯⋯⋯ 27

习题 ⋯⋯⋯⋯⋯⋯⋯⋯⋯⋯⋯⋯⋯⋯⋯⋯⋯⋯⋯⋯⋯⋯⋯⋯⋯⋯⋯⋯⋯ 30

第3章　jQuery 设计基础 ⋯⋯⋯⋯⋯⋯⋯⋯⋯⋯⋯⋯⋯⋯⋯⋯⋯⋯⋯ 31

3.1 jQuery 概述 ⋯⋯⋯⋯⋯⋯⋯⋯⋯⋯⋯⋯⋯⋯⋯⋯⋯⋯⋯⋯⋯⋯⋯ 31

　3.1.1 jQuery 简介 ⋯⋯⋯⋯⋯⋯⋯⋯⋯⋯⋯⋯⋯⋯⋯⋯⋯⋯⋯⋯ 31

　3.1.2 jQuery 代码的编写 ⋯⋯⋯⋯⋯⋯⋯⋯⋯⋯⋯⋯⋯⋯⋯⋯ 32

3.2 jQuery 方法 ⋯⋯⋯⋯⋯⋯⋯⋯⋯⋯⋯⋯⋯⋯⋯⋯⋯⋯⋯⋯⋯⋯⋯ 33

3.3 jQuery 选择器 ⋯⋯⋯⋯⋯⋯⋯⋯⋯⋯⋯⋯⋯⋯⋯⋯⋯⋯⋯⋯⋯⋯ 35

3.3.1 jQuery 的基本选择器 ·· 36

3.3.2 jQuery 的层次选择器 ·· 38

3.3.3 jQuery 的过滤选择器 ·· 41

3.3.4 jQuery 的表单选择器 ·· 43

3.4 jQuery 事件处理 ··· 45

3.4.1 事件与事件处理 ··· 45

3.4.2 jQuery 的鼠标事件 ·· 47

3.4.3 $.each( ) 方法的循环遍历算法 ·· 49

3.5 jQuery 自定义插件 ·· 51

3.5.1 jQuery 自定义插件规范 ·· 51

3.5.2 封装 jQuery 对象级的插件 ··· 51

3.5.3 定义类级别插件 ··· 53

3.5.4 使用 jQuery UI 插件 ··· 57

3.6 jQuery 动画与特效 ·· 59

3.6.1 jQuery 的特效方法 ·· 59

3.6.2 jQuery 实现加入购物车飞入动画效果 ·································· 68

习题 ·· 73

第 4 章　jQuery Mobile 基础 ·· 74

4.1 jQuery Mobile 及程序结构 ·· 74

4.1.1 jQuery Mobile 简介及下载 ··· 74

4.1.2 jQuery Mobile 程序基本结构 ··· 75

4.2 按钮与多页面结构 ·· 77

4.2.1 页面中的按钮 ·· 77

4.2.2 按钮的图标 ·· 82

4.2.3 多页面结构 ·· 83

4.3 对话框 ··· 85

4.3.1 页面对话框 ·· 85

4.3.2 弹窗对话框 ·· 86

4.4 jQuery Mobile 的表单元素 ·· 88
　　4.4.1 用户登录界面设计 ·· 88
　　4.4.2 表单的输入元素 ·· 90
　　4.4.3 表单中滑块的控制设计 ·· 92
　　4.4.4 表单的切换开关设计 ·· 93
4.5 jQuery Mobile 的列表和可折叠内容块 ·· 95
　　4.5.1 jQuery Mobile 的列表 ·· 95
　　4.5.2 可折叠内容块 ·· 98
习题 ·· 101

第 5 章　Ajax 及远程服务器数据处理技术 ·· 102

5.1 Ajax 技术概述 ·· 102
　　5.1.1 Ajax 技术简介 ·· 102
　　5.1.2 Ajax 技术的应用 ·· 102
5.2 JSON 数据 ·· 104
　　5.2.1 JSON 数据格式 ·· 105
　　5.2.2 应用 Ajax 解析 JSON 数据 ·· 106
5.3 Ajax 与 PHP 基础 ·· 112
　　5.3.1 PHP 基础 ·· 112
　　5.3.2 jQuery 的 Ajax 方法 ·· 117
习题 ·· 124

第 6 章　访问远程数据库 ·· 125

6.1 对后台 MySQL 数据库进行读/写数据操作 ·· 125
　　6.1.1 创建 MySQL 数据库 ·· 125
　　6.1.2 在 PHP 服务器端生成 JSON 数据 ·· 125
　　6.1.3 读取数据库数据 ·· 127
　　6.1.4 把客户端提交的数据写入数据库 ·· 128

6.2 网络在线记事本设计 ··· 130

6.2.1 首页界面设计 ··· 130

6.2.2 记事列表的界面设计 ·· 132

6.2.3 记事内容显示页的界面设计 ·································· 135

6.2.4 数据库设计与连接 ·· 137

6.2.5 从数据库中读取记事内容 ····································· 140

6.2.6 从数据库中读取记事标题列表 ································· 144

6.2.7 新建记事内容写入数据库 ····································· 146

习题 ··· 148

第7章 PhoneGap 构建跨平台手机 APP ················· 149

7.1 PhoneGap 跨平台应用框架简介 ································· 149

7.2 PhoneGap 的开发和测试环境的搭建 ··························· 149

7.3 生成 PhoneGap 应用项目框架 ································· 151

7.3.1 开发 PhoneGap 应用项目的一般过程 ······················ 151

7.3.2 生成 PhoneGap 应用项目框架结构 ························· 151

7.4 编写 PhoneGap 应用程序 ····································· 153

7.5 手机 APP 应用实例:今早新闻 ································· 155

7.5.1 项目框架设计 ··· 155

7.5.2 主界面设计 ··· 157

7.5.3 "今早头条"新闻栏页面设计 ································· 160

7.5.4 用 PhoneGap 封装成手机 APP ····························· 162

习题 ··· 163

第8章 移动 Web 网站应用实例:在线试衣间 ············· 164

8.1 试衣间系统的核心功能 ··· 164

8.1.1 页面布局 ··· 164

8.1.2 添加选择试衣功能 ·· 166

8.1.3 数据来源于远程数据库 ·· 169

8.2 在线试衣系统的模块设计 ……………………………………………… 173

  8.2.1 在线试衣系统的模块结构 ……………………………………… 173

  8.2.2 注册模块 ……………………………………………………… 173

  8.2.3 登录模块 ……………………………………………………… 176

  8.2.4 试衣间主程序模块 …………………………………………… 179

  8.2.5 支付模块 ……………………………………………………… 187

习题 …………………………………………………………………………… 190

第9章　移动 Web 网站应用实例:百度地图服务 ………… 191

9.1 百度地图 JavaScript API ………………………………………………… 191

  9.1.1 百度地图 JavaScript API 概述 ……………………………… 191

  9.1.2 百度地图 API 重要的类 ……………………………………… 192

9.2 创建地图视图 ……………………………………………………………… 193

9.3 百度地图应用 ……………………………………………………………… 197

  9.3.1 测距 …………………………………………………………… 197

  9.3.2 地图事件 ……………………………………………………… 199

  9.3.3 驾车导航路线规划 …………………………………………… 200

  9.3.4 步行路线规划 ………………………………………………… 203

  9.3.5 用户所在位置定位 …………………………………………… 204

习题 …………………………………………………………………………… 206

第10章　移动 Web 网站应用实例:瀑布流设计 ………… 207

10.1 瀑布流设计 ……………………………………………………………… 207

  10.1.1 瀑布流设计思路 …………………………………………… 207

  10.1.2 根据页面宽度计算排列图片 ……………………………… 208

  10.1.3 确定排列图片的最短列 …………………………………… 210

  10.1.4 自动追加新图片功能 ……………………………………… 213

10.2 手机 APP 瀑布流程序示例 …………………………………………… 223

第1章 跨平台移动 Web 基础知识

随着移动互联网应用的发展以及平板计算机、智能手机的普及，移动 Web 的应用及开发越来越受到重视。下面简单介绍移动 Web 网站开发及手机 APP 的一些最基本知识。

1.1 移动 Web 开发概述

1.1.1 移动 APP 的分类和移动 Web

1. 移动 APP 的开发模式

目前，移动应用项目的开发模式主要有 3 种：原生 APP、移动 Web APP 和混合模式 APP。下面对这 3 种开发模式进行简要介绍。

（1）原生 APP

原生 APP（Native APP）指的是用平台特定的开发语言所开发的应用，如 Android、iOS 等。使用原生应用的优点是可以完全利用系统的 API 和平台特性，在性能上是最好的；缺点是由于开发技术各不相同，如果所开发的应用项目要覆盖多个移动平台，则需要针对每个平台独立开发，无跨平台特性。

（2）移动 Web APP

移动 Web APP 是工作在服务器端的应用程序，它采用 HTML、JavaScript、CSS 等 Web 技术开发，通过不同平台的浏览器访问来实现跨平台，同时可以通过浏览器充分支持 HTML5 特性。其缺点是这些基于浏览器的应用无法调用系统 API 来实现一些底层高级功能，也不适合高性能要求的场合。

Web APP 的工作方式如图 1.1 所示。

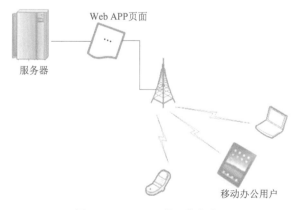

图1.1 Web APP 的工作方式

(3) 混合模式 APP

混合模式 APP（Hybrid APP）是介于原生 APP 和移动 Web APP 之间的一种手机应用程序。混合模式 APP 是为了弥补 Web APP 和 Native APP 两者开发模式缺陷的产物。混合开发兼具"Native APP 良好用户交互体验的优势"和"Web APP 跨平台开发的优势"。这样的模式可以降低开发门槛，用较少的成本达到跨平台开发移动应用的目的。

混合开发让为数众多的 Web 开发人员几乎可以零成本地转型成移动应用开发者。另外，相同的代码只需针对不同平台进行编译就能实现在多平台的分发，大大提高了多平台开发的效率；而相较于 Web APP，开发者可以通过包装好的接口，调用大部分常用的系统 API。

PhoneGap 是 Hybird APP 目前框架中集大成者。PhoneGap 是一个应用程序容器技术，它能用 HTML、CSS、JavaScript 来创建原生可安装的移动应用程序。虽然 PhoneGap 应用程序是用 HTML、CSS、JavaScript 创建的，但是最终生成的是二进制的应用程序压缩文件。

PhoneGap 的工作方式如图 1.2 所示。

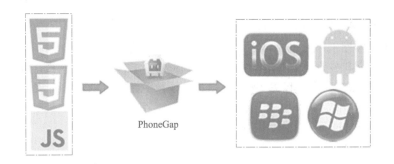

图 1.2　PhoneGap 把 HTML、CSS、JavaScript 编译成各种平台的应用程序

2. 移动 Web 和桌面 Web

Web 服务是互联网应用技术的总称，在网页设计中经常把网页称为 Web。

通常把在平板计算机或智能手机上运行的基于移动互联网的 Web 称为移动 Web，而把台式机或笔记本式计算机上运行的 Web 称为桌面 Web。

移动 Web 和桌面 Web 的设计技术在本质上并没有什么区别，但由于它们的显示屏幕及电源续航能力不同，在设计技术上会有一些差异。

移动 Web 在桌面 Web 的基础上添加了新的 MIME 类型、标记语言、文档格式和最佳实践，为小尺寸屏幕提供优化的 Web 内容，并可解决移动设备上的资源限制、Web 浏览器可用性差等问题。

1.1.2 移动 Web 与桌面 Web 的设计差异及设计要点

移动 Web 和桌面 Web 在设计方面存在很多方面的差异，正是由于存在这些差异，在设计移动 Web APP 时，需要注意其设计要点。

1. 用户与界面交互/操作的方式不同

（1）设计差异

• 桌面 Web：以鼠标或触摸板为媒介，多采用左键点击的操作，也支持鼠标滑过、鼠标右键的操作方式。

• 移动 Web：直接用手指触控屏幕，除了最通用的点击操作之外，还支持滑动、捏合等各种复杂的手势。

（2）设计要点

• 相比鼠标，手指触摸范围更大，较难精确控制点击位置，对此 iOS 人机交互规范中提到手指最合适的触控区域至少需要 44 pt。所以，移动 Web 的点击区域要设置得更大一些，不同点击元素的间隔也不能太近。

• 桌面 Web 支持鼠标滑过的效果，一些提示通常采用鼠标滑过展开/收起的交互方式。移动 APP 则不支持这类效果，通常需要点击特定的图标来收起/展开提示。

• 移动 Web 支持丰富的手势操作，比如通过左滑可看到可能需要的快捷操作"取消关注""删除"，这类操作方式的特点是快捷高效，但对于初学者来说有一定的学习、获知成本。在合理设计这些快捷操作方式的同时，还需要支持最通用的点击方式来完成任务的操作路径。针对手势操作学习成本高的问题，一些 APP 常通过新手引导的方式来教用户。

• 移动 Web 以单手操作为主，界面上重要元素需要在用户单手点击范围内，或者提供快捷的手势操作。

2. 设备尺寸不同

（1）设计差异

• 桌面 Web：不同 PC 的分辨率不同，浏览器窗口最大化的尺寸也不同；浏览器窗口可缩放。

• 移动 Web：设备尺寸相对较小；不同设备的分辨率差异较大，特别是 Android；支持横屏、竖屏调转方向。

（2）设计要点

• 移动 Web 的尺寸较小，一屏展示的内容有限，更需要明确哪些信息更为重要，有效地"组织"相关联的内容，优先级高的内容突出展示、次要内容适当"隐藏"。

• 桌面 Web 因浏览器分辨率差异较大且窗口尺寸可变化，设计时需要确定好不同分辨率的内容展示和布局，也因为这一点加上 Web APP 的浏览需求，近几年响应式设计更为普遍。

• 因设备分辨率、dpi 大小不一，所以移动 APP 在界面布局、图片、文字的显示上，要兼顾不同设备的效果，需要设计师与开发人员共同配合做好适配工作。

• 因移动设备支持横屏、竖屏展示，所以在设计移动 APP（比如游戏、视频播放界面）时，需要考虑用户是否有"换个方向看看"的需求、哪些情况下切换屏幕方向、如何切换等。

3. 使用环境不同

（1）设计差异

• 桌面 Web：通常坐在某个室内、使用时间相对较长。

● 移动 Web：既可能是长时间在室内使用，也可能是利用碎片化的时间使用，或站或坐或躺着或行走，姿势不一。

（2）**设计要点**

● 使用桌面 Web 时，用户更为专注。

● 使用移动 Web 时，用户很容易被周边环境所影响，对界面上展示的内容可能没那么容易留意到；长时间使用时更适合沉寂式浏览，碎片化时间使用时用户可能没有足够的时间，每次浏览内容有限，类似"稍后阅读""收藏"等功能则比较实用；用户在移动过程中更容易误操作，需要考虑如何防止误操作，如何从错误中恢复。

4. 网络环境不同

（1）**设计差异**

● 桌面 Web：网络相对稳定且基本无须担心流量问题。

● 移动 Web：因用户使用环境复杂，可能在移动过程中从通畅环境到封闭的信号较差的环境，网络可能从有到无、从快到慢；既可能使用无须担心流量的 Wi-Fi，也可能使用需要控制流量的 3G/4G 网络。

（2）**设计要点**

● 移动 Web，网络异常的情况更普遍，需要更加重视这类场景下的错误提示，以及如何从错误中恢复的方法。

● 移动 Web 在 3G/4G 情况下用户对流量比较重视，对于需要耗费较多流量的操作，需要提醒用户，在用户允许的前提下才继续进行。

1.2 手机屏幕分辨率

手机屏幕分辨率是手机的重要参数之一，下面详细介绍这些知识。

1. 像素 Pixel

像素是图形元素（Picture Element）的简称，屏幕颜色与强度的一个单位。通俗地说，屏幕上所有的画面都是由一个个小点组成的，这些小点就称为像素。一块方形的屏幕横向有多少个点，竖向有多少个点，相乘之后的数值就是这块屏幕的像素（数码照相机的像素也是这么乘出来的）。但是，为了方便表示屏幕的大小，通常用横向像素×竖向像素的方式来表示，例如计算机屏幕中很常见的 1 024×768 像素，以及手机屏幕中很常见的 240×320 像素。

2. 屏幕的像素密度 ppi

ppi（pixel per inch）即每英寸像素取值，更确切的说法应该是像素密度，也就是衡量单位物理面积内拥有像素值的情况。

如图 1.3 所示，在 1 英寸（inch）单位内面积内拥有的像素越多，密度越大，ppi 值就越高。但像素密度的实际意义是什么？它表达的是什么？或高或低对设备显示来说有什么影响？

一般来说，ppi 值越高越好，因为更高的 ppi 意味着在同一实际尺寸的物理屏幕上能容纳更多的像素，能够展现更多的画面细节，也就意味着更平滑的画面，如图 1.4 所示。

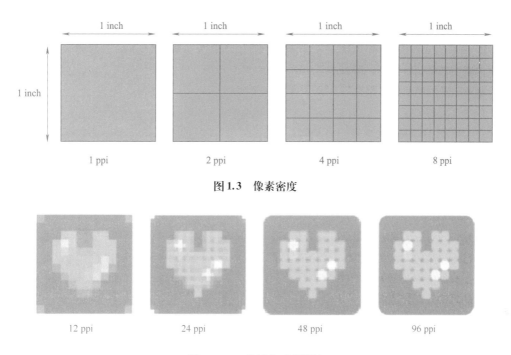

图1.3 像素密度

图1.4 ppi 值越高画质越好

3. 分辨率

所谓分辨率就是指画面的解析度，由多少像素构成的数值越大，图像也就越清晰。分辨率不仅与显示尺寸有关，还会受到显像管点距、视频带宽等因素的影响。我们通常所看到的分辨率都以乘法形式表现的，比如 1 024×768，其中的 1 024 表示屏幕上水平方向显示的点数，768 表示垂直方向的点数。

SXGA（1 280×1 024）又称 130 万像素

XGA（1 024×768）又称 80 万像素

SVGA（800×600）又称 50 万像素

VGA（640×480）又称 30 万像素（35 万是指 648×488）

CIF（352×288）又称 10 万像素

SIF/QVGA（320×240）QCIF（176×144）QSIF/QQVGA（160×120）

了解了显示设备分辨率的基础知识之后，下面着重介绍手机屏幕的分辨率。

（1）QVGA

QVGA 就是 Quarter VGA 的简称，意思是 VGA 分辨率的 1/4，这是智能手机流行前最常见的手机屏幕分辨率，竖向的是 240×320 像素，横向的是 320×240 像素。绝大多数的手机都采用这种分辨率。例如，比较老旧的诺基亚 E66 就是 QVGA 级别。

（2）HVGA

HVGA 代表的意思是 Half－size VGA，意思是 VGA 分辨率的 1/2，为 480×320 像素，宽高比为 3∶2。这种分辨率的屏幕大多用于 PDA，iPhone 和第一款 Google 手机——T-MobileG1 都采用这种分辨率，有些黑莓手机也采用 HVGA 分辨率的屏幕。

（3） WVGA

WVGA 的全称是 Wide VGA，分辨率分为 854×480 像素和 800×480 像素两种。由于很多网页的宽度都是 800 像素，所以这种分辨率通常用于 PDA 或者高端智能手机，方便用户浏览网页。夏普公司的手机大多也采用 WVGA 级别分辨率的屏幕。

（4） QCIF

在 QVGA 分辨率流行之前，大多数手机采用的是 QCIF 的分辨率，QCIF 为 176×144 像素，其实也就是 Quarter CIF 的意思。而 CIF 是视频采集设备的标准采集分辨率，全称为 Common Intermediate Format，意思为常用的标准化图像格式。于是后来大多数能拍摄 QCIF 格式视频的手机屏幕采用的都是 176×220 像素的分辨率，非常经典的摩托罗拉 V3 的内屏采用的分辨率就是 176×220 像素。

当然，还有很多更老的显示设备分辨率，比如 96×96 像素、128×128 像素，这些分辨率的设备已经很难见到，大都是作为翻盖手机的外屏出现，这里就不再进行介绍。

以上介绍的都是 VGA 以下级别的屏幕分辨率，多用于手机屏幕，下面就继续介绍 VGA 以上级别的现实设备分辨率。

（5） SVGA

SVGA 全称为 Super VGA，代表常见的 800×600 像素，而 1 024×768 像素就不再基于 VGA 的标准，转为 XGA 成为了新一代显示设备分辨率的基准。随着显示设备行业的发展，SXGA＋（1 400×1 050 像素）、UXGA（1 600×1 200 像素，常用于 20 英寸或 21 英寸显示器）、QXGA（2 048×1 536 像素）也逐渐浮出水面，QXGA 就已经是 XGA 的 4 倍，也是大多数显示设备支持的极限，当然也有更高的 QUXGA，但是这只是理论上的名字，现实世界中还没有采用这个分辨率的显示设备。17 英寸的彩色显示器大都是 SVGA、XGA 或者 SXGA＋级别。

4:3 屏幕的发展也带动了宽屏幕的发展，最早是 WVGA（800×480 像素），常用于大多数的 MID 和小号的上网本，后来为 WSVGA（1 024×600 像素），这种分辨率多用于 8.9 英寸或 10 英寸的上网本。

（6） WXGA

发展到后来 WXGA（1 280×800 像素），逐渐在 13～15 英寸的笔记本式计算机上流行起来；WXGA＋（1 440×900 像素）多用于 19 英寸宽屏；WSXGA＋（1 680×1 050 像素）则常用于 20 英寸和 22 英寸的宽屏，也有部分 15.4 英寸的笔记本式计算机使用这种分辨率；WUXGA（1 920×1 200 像素）是颇为流行的分辨率之一，24～27 英寸的宽屏显示器大多是这种分辨率；而 WQXGA（2 560×1 600 像素）这种分辨率主要是用在 30 英寸的 LCD 屏幕，比如著名的 APPle Cinema Display、Dell UltraSharp 3007WFP/3008 WFP 都采用的这种分辨率。

 习题

1. 简述移动 Web APP 的工作方式。

2. 简述移动 Web APP 设计时需要注意的要点。

3. 简述什么是像素，什么是像素密度，什么是分辨率？

第 *2* 章　移动 Web 设计基础

本章主要介绍 Web 网站前端设计的基础知识，包含 HTML 网页设计、CSS 技术和 JavaScript 脚本语言等内容，为后面进一步学习跨平台的移动网站及手机 APP 开发打下坚实基础。

2.1　HTML——超文本置标语言

2.1.1　HTML 概述

1. HTML 简介

HTML（Hyper Text Markup Language，超文本置标语言）是用来描述网页的一种语言。置标语言有一套编写规则，将所需要表达的信息按某种规则写成 HTML 文件，通过标记式的指令（Tag），将影像、声音、图片、文字、动画、影视等内容在浏览器中显示出来，就是人们现在所见到的网页。

HTML 自 1990 年创立以来，历经多次修改，现已经发展为 HTML5。本节主要介绍 HTML 的一些最基本规则。本书所讲的 HTML 均指 HTML 5，以后不再赘述。

2. HTML 文档示例

HTML 文档用来描述网页的表现结构，包含 HTML 标签和纯文本。Web 浏览器读取 HTML 文档，并以网页的形式显示出它们。浏览器不会显示 HTML 标签，而是使用标签来解释页面的内容。

【例 2-1】一个最简单的 HTML 文档。

```
<！DOCTYPE html>  ———  HTML 5 标准网页声明

<html>
  <head>
    <meta charset="utf-8">  ———  设置编码属性值为中文
    <title>最简单的 HTML 文档</title>
  </head>
  <body>
    <h1> 我设计的第一个移动 Web 网页 </h1>
    <p> 我设计的第一个移动 Web 网页 </p>        页面显示内容
  </body>
</html>
```

程序说明：

● <！DOCTYPE html> 是 HTML 5 标准网页声明，全称为 Document Type HyperText

Markup Language，意思为文档种类为超文本置标语言或超文本链接标示语言。表示该页面采用了 W3C 标准，这样可以增强页面的兼容性，降低对浏览器的依赖性。< ! DOCTYPE html > 语句必须位于文档的最前面位置，处于 < html > 标签之前。

- < html > 与 </html > 限定了文档的开始点和结束点。
- < head > 与 </head > 之间为网页文档的头部。头部信息中的内容，主要被浏览器所用，不会显示在网页的正文内容里。
- < meta charset = "utf - 8" > 为设置中文编码的属性值。目前，在大部分浏览器中，直接输出中文会出现中文乱码的情况，这时就需要在头部将字符声明为 UTF - 8 的编码格式。
- < body > 与 </body > 之间为网页文档的正文信息，其内容全部会在浏览器中显示出来。
- < h1 > 与 </h1 > 之间的文本被显示为标题。
- < p > 与 </p > 之间的文本被显示为段落。

用记事本或任何一种文本编辑器编写上述程序，并保存文件名为 Ex2_ 1. html，然后用浏览器打开这个文件，其显示如图 2.1 所示。

图 2.1　Web APP 的工作方式

3. HTML 标签规则

HTML 标签的主要规则如下：

- HTML 标签是由尖括号包围的关键词，例如 < html >。
- HTML 标签通常是成对出现的，例如 < b > 与 </b >。
- 标签对中的第一个标签是开始标签，第二个标签是结束标签。

2.1.2 HTML 的应用示例

1. HTML 链接

超链接是网站中使用比较频繁的 HTML 元素，因为网站的各种页面都是由超链接串接而成，超链接完成了页面之间的跳转。

超链接的标签是 < a > 与 </a >，给文字添加超链接类似于其他修饰标签。超链接是跳转到另一个页面的。

< a > 与 </a > 标签有一个 href 属性，负责指定新页面的地址。href 指定的地址一般使用相对地址。

例如：< a href = "http：//www. baidu. com" >跳转到百度网站 </a >

【例 2 - 2】 HTML 超链接应用示例。

```
< ! DOCTYPE html >

< html >

< body >

    < h1 > 超链接应用示例 < / h1 >

    < a href = "http：//www. baidu. com" > 跳转到百度网站 < / a >───设置超链接

< / body >

< / html >
```

程序说明：在超链接的语句中，用 href 属性指定链接的地址。例如，在本例中，指定跳转到百度首页地址 www. baidu. com。

程序运行结果如图 2.2 所示。

图 2.2　超级链接示例

2. HTML 嵌入图像

HTML 文档中可以嵌入图像。将要显示的图像使用 < img > 标签进行定义。

 < img > 标签有两个属性：src 属性和 alt 属性。

● src 属性为指定引用该图像的文件的绝对路径或相对路径。

● alt 属性用于为图像添加描述性文本。

例如：

 < img src = "/img/dukou. jpg"   alt = "渡口"/ >

【例 2 - 3】 HTML 嵌入图像示例。

```
< ! DOCTYPE html >

< html >

< head >

    < meta charset = "utf - 8" >

< / head >

< body >

    < h1 > 显示图像 < / h1 >

    < img src = ". /img/dukou. jpg"     alt = "渡口" / >

< / body >

< / html >
```

程序运行结果如图 2.3 所示。

图 2.3　显示 HTML 文档中嵌入的图片

3. HTML 播放音乐

可以在 HTML 文档中播放音频文件。在 < audio > 标签中添加 controls 属性，并使用 < source > 元素链接音频文件。

【例 2 - 4 】 HTML 播放音频文件示例。

事先准备好一个音乐文件 sample. mp3，将其复制到 HTML 文件同一目录下。

```
< ! DOCTYPE html >
< html >
  < head >
    < meta charset = "UTF - 8" >
  < /head >
  < body >
    < div >
      < p > 播放音乐 < /p >
      < audio controls >
        < source src = "sample. mp3"  type = "audio/mpeg" >
        您的浏览器不支持播放音乐的 audio 元素。
      < /audio >
    < /div >
  < /body >
< /html >
```

设置播放音乐

程序运行结果如图 2.4 所示。

图 2.4　在 HTML 文档中播放音频文件

2.2　CSS 技术简介

CSS（Cascading Style Sheets，层叠样式表）主要用于在网页设计中如何表现及显示 HTML 元素。

2.2.1 CSS 的基本语法和用法

1. CSS 的基本语法格式

CSS 的语法单元是样式，每个样式包含两部分内容：选择符和声明（或称为规则），其语法格式如下：

选择器 selector ｛属性1：值1；属性2：值2；…｝

选择器 selector 是 HTML 的元素或标记，声明由一个属性和一个值组成。

【例 2－5】 将 h1 元素内的文字颜色定义为红色，同时将字体大小设置为 14 像素。

依题意，编写 CSS 的代码如下：

h1 ｛color：red；font－size：14px；｝

在本例的代码中，h1 是选择器，color 和 font－size 是属性，red 和 14px 是值。该段代码的结构如图 2.5 所示。

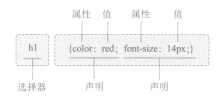

图 2.5　CSS 样式基本格式

完整代码如下：

```
< html >
    < style type = "text/css" >
        h1 ｛color：red；font－size：14px；｝
        p ｛color：green；font－size：24px；｝
    < /style >
```

设置指定元素的样式

```
< body >
    < h1 > 好好学习，天天向上！ </h1 >
    < p > 学习 CSS 很有趣 </p >
</body >
</html >
```

程序运行结果如图 2.6 所示。

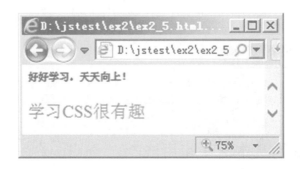

图 2.6　用 CSS 样式设置字符颜色

2. CSS 样式属性

常用 CSS 样式长度单位属性如表 2.1 所示。

表 2.1　常用 CSS 样式长度单位属性

单　　位	单　位　说　明	范　　例
pt	point，就像 Word 中的 point 一样大小	font – size：10pt
px	pixel，依屏幕分辨率而决定大小	font – size：10px
%	百分比，大部分是指所在位置宽度或者长度百分比	font – size：10%

常用 CSS 样式颜色属性如表 2.2 所示。

表 2.2　常用 CSS 样式颜色表示属性

表 示 方 式	表示方式说明	范　　例
#rrggbb	可以用 Windows 色彩选择工具找到	color：#feefc7
rgb（#，#，#）	用数字来表示红色、蓝色及绿色的混合，也可以用 Windows 色彩选择工具找	color：rgb（135，255，124）
rgb（%，%，%）	用百分比来代表红色、蓝色及绿色的强度来混合颜色	color：rgb（70%，35%，41%）
颜色名称	用颜色的名称来指定颜色	color：brown

常用 CSS 样式文字设置属性，如表 2.3 所示。

表2.3 常用 CSS 样式文字设置属性

名　称	说　明	取　值	范　例
font	文字设置	以下所有皆可使用	font：arial
font – family	字体	字体名称	font – family：arial
font – size	字体大小	百分比或是数字（单位）	font – size：12px
font – style	字形样式	normal（普通） italic（斜体） oblique（斜体）	font – style：italic
font – variant	字形特别样式	normal（普通） small – caps（大小英文字母）	font – variant： small – caps
font – weight	字形粗细	normal（普通） bold（粗体） bolder（超粗体） lighter（细体） 数字（400 = normal 700 = bold）	font – weight：bolder

3. CSS 样式的设置方法

（1）在元素标签中设置样式

在元素中使用 style = "…" 的语法格式进行设置。例如：

　<h1 sytle = "color：red; font – style：italic" >欢迎进入本系统 </h1 >

（2）内部样式文件，在 <style >标记中定义样式

在 HTML 文件中，使用 <style >标签设置样式，其语法格式为如下：

　<style type = "text/css" >

　…　　//CSS 样式语句

　</style >

例 2 – 5 就是采用这种格式定义 CSS 样式。

（3）外部样式文件

把样式代码保存为独立的外部样式文件，以 . css 为文件扩展名，并在引用 CSS 样式的 HTML文档 <head >标签中插入 link 元素：

　<link rel = "stylesheet" type = "text/css" href = "外部样式文件 . css" >

【例 2 – 6】 把 CSS 代码保存为外部样式文件，并在一个 HTML 文件中引用该样式文件。

　• 将样式设置语句

　h1 {color：red; font – size：48px;}

保存为 ex2_ 6. css 文件。

　• 在 HTML 文件的头部，增加下列 link 标签的语句：

　<link rel = "stylesheet" type = "text/css" href = "ex2_ 6. css" >

完整程序如下：

```
<！DOCTYPE html >
<html >
    <head >
        <meta charset ="UTF - 8" >
        <title >CSS 示例 </title >
        <link rel ="stylesheet"  type ="text/css"  href ="ex2_ 6. css" >
    </head >
    <body >
        <h1 >好好学习，天天向上 </h1 >
        <p >我对学习 CSS 编程有点兴趣 </p >
    </body >
</html >
```

程序运行结果如图 2.7 所示。

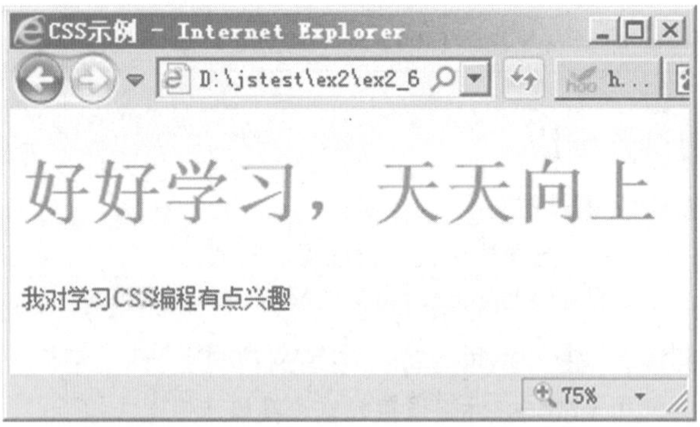

图 2.7　从外部样式文件引用 CSS 样式

2.2.2 CSS 的选择器

所谓 CSS 选择器就是指定 HTML 文件中需要设置样式的元素。根据所选取的元素范围，CSS 选择器共分为 3 种类型：标签选择器、id 选择器和类选择器。

1. 标签选择器

通过标签选择器，可以对 HTML 文档中的标签设计 CSS 样式，其设置格式如下：

标签名称 {属性 1：值 1；属性 2：值 2；…}

【例 2-7】 标签选择器应用示例，分别设置标签 h1、h2 的字号和颜色。

按题目要求，设置 CSS 的程序如下：

```
<！DOCTYPE html >
<html >
    <head >
        <meta charset ="UTF - 8" >
```

```
    < style >
        h1 { color：red；font - size：64px }        < !-- 注意，标签名称前没有符号 -- >
        h2 { color：green；font - size：34px }
    </style >
</head >
<body >
    < h1 > 标签选择器示例 </h1 >
    < h2 > 渡口 </h2 >
</body >
</html >
```

程序运行结果如图 2.8 所示。

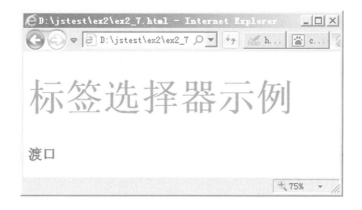

图 2.8　标签选择器示例

2. id 选择器

有时，需要对 HTML 文档中某一个元素进行样式设计，则可以对该元素设置一个 id 标记，从而对 id 标记的元素进行 CSS 样式设计。其设计格式如下：

#id 名称 { 属性 1：值 1；属性 2：值 2；… }

【例 2 - 8】 id 选择器应用示例，设置标签的 id 标记值为 aa 的字号、颜色。

```
< ! DOCTYPE html >
< html >
 < head >
    < meta charset = "UTF - 8" >
    < style >
        #aa { color：red；font - size：64px }  ──  注意，id 选择器前用 "#" 表示
    </style >
 </head >
 < body >
    < h1 id = "aa" > HTML 示例 </h1 >    < ! -- 在文档中设置 id 标记 -- >
```

```
    <h1 >渡口 </h1 >
  </body >
</html >
```

程序运行结果如图 2.9 所示。

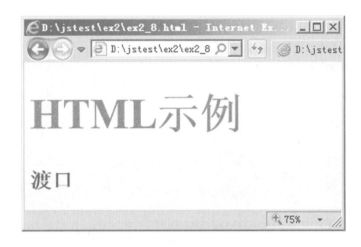

图 2.9　id 选择器示例

3. class 类选择器

当需要对多个不同元素进行样式设计时，可以在 HTML 文档中对这些元素设计 class 标记，从而对这些标记为 class 的元素进行设计，其语法格式如下：

. class 名称 {属性 1：值 1；属性 2：值 2；…}

【例 2 - 9】 设置标签为 h1、h2 及 p 具有相同的字号和颜色。

```
<！DOCTYPE html >
<html >
  <head >
    <meta charset ="UTF - 8" >
    <style >
      . aa {color：red；font - size：64px}     ── 注意，class 选择器前用"."表示
    </style >
  </head >
  <body >
    <h1 class ="aa" > class 类选择器示例 </h1 >     <！-- 在文档中设置 class 标记 -->
    <h2 class ="aa" >渡口 </h2 >
    <p class ="aa" > 我们正在学习 CSS </p >
  </body >
</html >
```

程序运行结果如图 2.10 所示。

图 2.10　class 类选择器示例

2.3　JavaScript 语言基础

2.3.1　JavaScript 语法简介

JavaScript 是网络上的最流行的解释型脚本语言。JavaScript 可用于编写客户端的脚本程序，由 Web 浏览器解释执行；也可用于编写运行在服务器端的脚本程序，由服务器端动态地处理用户提交的请求，并向客户端返回处理结果。JavaScript 通常简称为 JS。

1. JavaScript 的语法格式

（1）＜script＞标签

通常使用 JavaScript 的方法是直接把 JavaScript 嵌入到网页文档中。在 HTML 文档中嵌入 JavaScript 语句时，需要使用＜script＞标签。＜script＞和＜/script＞之间的代码行包含 JavaScript 语句，告诉浏览器在执行程序时，JavaScript 语句从何处开始和何处结束。例如：

```
＜script＞
    alert（"我的第一个 JavaScript 脚本语言程序"）;
＜/script＞
```

浏览器会解释并执行位于＜script＞和＜/script＞之间的 JavaScript 语句。

（2）JavaScript 的变量

在 JavaScript 中，所有类型的变量都由关键字 var 声明，其语法格式如下：

var　变量；

例如：

```
var　a, b, c;
var　x＝3;
var　y＝5;
```

由于 JavaScript 是弱类型的语言，所以变量可以无须先声明而直接赋值使用。例如：

str　＝　"Hello";

在 JavaScript 中，变量名必须以字母或下画线开头，空格、加减号、逗号等不能为变量名。

JavaScript 语言是严格区分字符大小写的，因此，变量 A 与变量 a 代表两个不同的变量。

（3） JavaScript 的语句

同 Java、C 语言类似，JavaScript 使用分号";"表示一条语句的结束。但用分号结束一条语句并不是强制性的要求，如下面的语句：

var x = 3;　　//以分号结尾

var y = 5　　//没有用分号结尾

这两种写法都是正确的。JavaScript 解释器在语法检查方面相对比较宽松，但仍建议编写 JavaScript 程序时采用严谨的书写风格，用分号来结束一条语句。这样，在阅读 JavaScript 程序时不会产生歧义。

（4） JavaScript 语句的注释

为了增加程序的可读性，可以在 JavaScript 程序中添加注释语句。

若注释单行语句，一般用"//"来标记；若注释多行语句，则用"/＊注释语句内容＊/"来标记。在 JavaScript 程序执行时，解释器不会解释执行注释语句部分。

2. JavaScript 脚本语句书写的位置

JavaScript 脚本语句可以直接嵌入在 HTML 文件中，也可以作为外部 JavaScript 脚本文件引入到 HTML 文件中。

（1） JavaScript 脚本语句嵌入在 HTML 文档中的位置

JavaScript 脚本语句可位于 HTML 的 < body > </body > 之间，或位于 < head > </head > 之间，也可同时存在于这两部分中。

通常的做法是把 JavaScript 函数放入 < head > 部分，或者放在页面底部。也可以把它们安置到同一位置，不会干扰页面的内容。

【例 2 - 10】　编写一个最简单的 JavaScript 程序。

```
<！DOCTYPE html >
< html >
  < head >
     < meta charset = "UTF - 8" >
  </head >
  < body >
     < script type = "text/javascript" >
        alert（"我们开始学习 JavaScript 语言"）;        JavaScript 代码
     </script >
</body >
</html >
```

程序运行结果如图 2.11 所示。

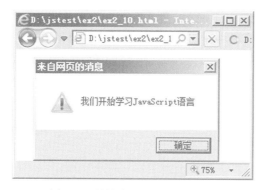

图 2.11 最简单的 JavaScript 程序

【例 2 – 11】 编写一个计算圆面积的 JavaScript 程序。

```
<! DOCTYPE html >
< html >
 < head >
  < meta charset = "UTF – 8" >
  < script type = "text/javascript" >
     var area;
     var r = 5;                          第 1 部分：计算圆面积
     area = 3. 14 * r * r;
  </script >
 </head >
 < body >
    < h1 > 计算圆的面积 </h1 >
    < script >
       document. write ( "圆的面积 = " + area) ;    第 2 部分：显示结果
    </script >
 </body >
</html >
```

程序运行结果如图 2.12 所示。

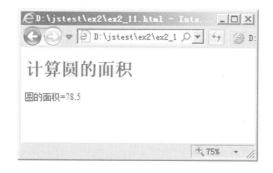

图 2.12 计算圆面积的 JavaScript 程序

（2） 作为外部 JavaScript 脚本文件引入到 HTML 文件中

如果编写的 JavaScript 脚本语句需要在多个 HTML 文件中使用，则应该把这段代码单独保存为一个 . js 文件，然后在 HTML 文件中通过 < script > 标记引用该 . js 文件。

【例 2 – 12】 编写一个计算圆面积的 JavaScript 脚本文件，然后在 HTML 文件中引用该文件。

● 创建一个 JavaScript 脚本文件 ex2_ 12. js。

```
var area;
var r = 5;
area = 3. 14 ∗ r ∗ r;
document. write（"圆的面积 = " + area）;
```

注意：文件代码中没有使用 < script > 标记。

● 在 HTML 文件 ex2_ 12. html 中引用 JavaScript 的 ex2_ 12. js 文件。

```
<！ DOCTYPE html >
< html >
  < head >
      < meta charset = "UTF – 8" >
  </ head >
  < body >
      < h1 > 计算圆的面积 </ h1 >
      < script type = "text/javascript"  src = "ex2_ 12. js" >  </ script >
  </ body >
</ html >
```

程序运行结果与例 2 – 11 相同，见图 2.12。

2. 3. 2 JavaScript 系统内置函数

下面介绍几个常用的 JavaScript 系统内置函数。

1. alert()函数

alert( ) 函数用于弹出一个消息对话框，该对话框显示一条指定的消息内容，并有一个"确定"按钮。

alert( ) 函数的语法格式如下：

alert(String str）;

其中，参数 str 为在消息对话框中显示的字符串。

【例 2 – 13】 应用 alert( ) 函数弹出消息对话框的示例。

```
< script type = " text/javascript" >
    alert（"我们现在正在学习 JavaScript 语言"）;
</ script >
```

程序运行结果如图 2.13 所示。

图 2.13 alert( ) 消息对话框

2. confirm() 函数

confirm( ) 函数用于弹出一个确认对话框，显示一条需要用户确认的信息，有"确定"及"取消"两个按钮。

confirm( ) 函数的语法格式如下：

confirm（String str）;

confirm( ) 函数返回值根据用户单击"确定"或"取消"按钮将返回 true 或 false。

【例 2 – 14】 应用 confirm( ) 函数弹出对话框，并根据点击不同的按钮给出不同的消息提示。

```
< script type = "text/javascript" >
    var result;
    result = confirm ("我们正在上移动 Web 设计课，你不来吗?");
    if (result == true)              //单击"确定"按钮
        alert ("快点，要点名了");
    else                            //单击"取消"按钮
        alert ("你死定了");
</script >
```

程序运行结果如图 2.14 所示。

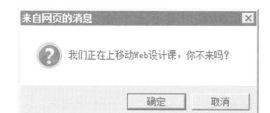

图 2.14 confirm( ) 函数对话框

3. prompt()函数

prompt( ) 函数用于弹出一个带有输入文本框的对话框，提示输入消息，并等待用户输入。该函数的返回值为用户输入的信息。

confirm( ) 函数的语法格式如下：

prompt("提示信息","预设的消息值");

【例 2 – 15 】 获取 prompt( )函数的返回值。

```
<! DOCTYPE html >
<html >
  <head >
      <meta charset = " UTF – 8" >
  </head >
  <body >
      <h1 > JavaScript 函数的用法 </h1 >
      <script type = " text/javascript" >
          var x;
          x = prompt( "要计算平方根函数吗?" );          //获取用户输入的值存放到变量 x 中
          if ( x ! = null)
              alert ( x + "的平方根为:" + Math. sqrt ( x ) );
          else
              alert( "不计算函数的值" );
      </script >
  </body >
</html >
```

运行程序后，等待用户在输入框中输入信息，例如，用户输入数值 25，单击"确定"按钮后，会在消息对话框中显示 25 的平方根值，如图 2.15 所示。如果用户不输入任何数值，直接单击"取消"按钮，则在消息对话框中显示"不计算函数的值"。

图 2.15　prompt( )函数显示带有输入框的对话框

2.3.3 JavaScript 自定义函数

JavaScript 函数是将多条语句组合在一起，用 ﹛　﹜ 括起来，用于实现特定的功能。函数分为自定义函数和 JavaScript 系统内置函数。

1. 自定义函数的语法格式

函数定义的基本语法格式如下：

function　函数名（参数 1，参数 2，...）
﹛
　　函数体；
﹜

　　如果希望函数执行完毕后，返回一个值给调用函数者，则需要使用 return 语句。return 语句一般都位于函数体内的最后一行。

　　例如，下面的代码定义了一个计算圆面积的函数。

```
< script >
    function   circl ( r )
    {
        var area；
        area = 3. 14 ∗ r ∗ r；
        return area；
    }
    alert(" 圆的面积 =" + circl ( 5 ) )；
</ script >
```

2. 函数的调用

　　函数定义后并不会自动执行，需要调用后方可执行。调用函数的方法有简单调用、在事件响应中调用、通过超链接调用等。

　　函数调用语句必须放在函数定义语句之后，如果在函数定义之前调用函数，将会报错。

【例 2 – 16】　简单调用函数示例。

```
< ！DOCTYPE html >
< head >
< title > 简单调用函数示例 </ title >
< script >
    function   circl ( r )          ⎤
    {                              ⎥
        var area；                  ⎥  定义函数
        area = 3. 14 ∗ r ∗ r；       ⎥
        return area；               ⎦
    }
</ script >
</ head >
< body >
    <h2 > 计算圆的面积函数示例 </h2 >
    < script >
        var s = circl ( 5 )；    ——— 调用函数
        document. write(" 圆的面积 =" + s)；
    </ script >
</ body >
</ html >
```

　　程序运行结果如图 2.16 所示。

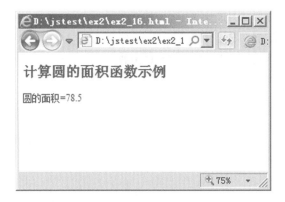

图 2.16　简单调用函数示例

【例 2 – 17】判断用户提交的信息是否为空。

```
<！DOCTYPE html >
< html >
  < head >
    < meta charset = " UTF – 8" >
     < script type = " text/javascript" >
       function chk（form）
      ｛
          if（form. username. value == " "）
          ｛
             alert(" 没有输入用户名!" )；    //输入框为空则弹出提示框
             return false；
          ｝
          else
             alert（" 欢迎进入本系统!" )；
      ｝
     </script >
  </head >
< body >
     < form method = " post"  action = " " >
        < p > < input type = " text"  name = " username" > </p >
        < p > < input type = " submit"  onclick = " chk( form)；"  > </p >
     </form >
  </body >
</html >
```

3. 函数嵌套

函数嵌套的语法格式如下：

function fun1（ ）

```
{
    function fun2( )
    {
        …　//fun2( )的代码
    }
    …　//fun1( )的代码
}
```

【例 2 – 18】　函数嵌套示例。

```
< ! DOCTYPE html >
< html >
  < head >
    < meta charset = " UTF – 8" >
      < script type = " text/javascript" >
      function fun1( )
      {
          function fun2( )
          {
              var a = 50;
              var b = a + 20;
              return a + b;
          }
          var a = 900;
          var b = Math. sqrt( a );
          return b + fun2( );
      }
    < /script >
  < /head >
  < body >
      < script >
          alert( " 函数嵌套的运算结果:" + fun1( ) );
      < /script >
  < /body >
< /html >
```

2.3.4 JavaScript 事件

JavaScript 定义了很多事件，现介绍几个常用的 JavaScript 事件。

1. 单击鼠标事件 onclick

当用户单击鼠标时产生的事件，onclick 指定的事件处理程序或代码将被调用执行。例如：

```
< button onclick = " alert ( '你点击了这个按钮');" >点击按钮 < /button >
```

【例 2 - 19】 onclick 事件应用示例。

```
<! DOCTYPE html >
< html >
    < head >
        < meta charset = " UTF - 8"  >
        < script >
          function app( )
           {
              alert（'点击了按钮哦！'）;
           }
         </ script >
    </ head >
    < body >
        < input type = " button" value = " 按钮" onclick = " app( ) ;" >
    </ body >
</ html >
```

2. 加载页面文件事件 onload

当页面文件载入时产生该事件。onload 一般写在 < body > 标记中。例如：

```
< body onload = alert( " 正在加载页面，请等待 ...... " ) >
```

3. 内容改变事件 onchange

onchang 事件一般用于用户表单中，例如，当文本框内容发生改变时触发的事件，或者下拉列表框内容发生改变时触发的事件等。

【例 2 - 20】 onchange 事件应用示例。

```
<! DOCTYPE html >
< html >
< head >
    < script >
      function checkField( val)
      {
          alert( " 输入值已更改。新值是：\ n" + val) ;
      }
     </ script >
</ head >
< body >
  <p >请修改输入框的文字内容，然后在输入框外点击以触发 onchange 事件。 </ p >
  请输入文本：
  < input type = " text" value = " Hello" onchange = " checkField( this. value) " >
</ body >
</ html >
```

程序运行结果如图 2.17 所示。

图 2.17　输入框的文字发生改变的事件

2.3.5 JavaScript 操作 HTML DOM 对象

1. HTML DOM 对象

一个 HTML 网页文档可以表示为枝状结构的 DOM 模型（Document Object Model，文档对象模型），一个 HTML 网页的 DOM 结构如图 2.18 所示。

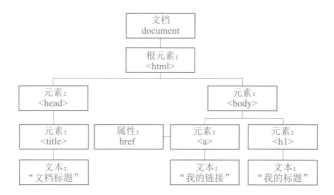

图 2.18　HTML 页面的文档对象模型

HTML DOM 对象定义了一些操作 HTML 文档元素的方法和属性，JavaScript 通过 DOM 对象的方法操作 HTML 网页中的 DOM 对象。DOM 对象就是 HTML 网页中的元素，因此，应用 JavaScript 可以通过 DOM 对 HTML 网页中的元素进行操作。

2. 使用 id 属性获取元素节点

HMTL 文档中的 id 属性是 HTML 元素的唯一标识，JavaScript 使用 getElementById( ) 方法可以获取到指定的元素。

例如，设在 HTML 文档中有下列元素

< div id = " t1 " > Div #1 < / div >

则

var 　 x = document. getElementById (" t1 ") ;

变量 x 获取到由 id = "t1" 所指定的元素 < div >。

在获取到指定的网页文档元素后，使用 nodeName 属性可以得到该元素的标签。

【例 2 - 21】 获取网页文档元素的标签。

```
<! DOCTYPE html >
< html >
< head >
< script >
    function checkField( )
    {
        var  x = document. getElementById( "t1" ) ;        获取指定的元素
        alert("获取标签 x = " + x. nodeName) ;
    }
</script >
</head >
< body >
    < div id = "t1" > Div #1 </div >
    < input type = "button" value = "获取元素标签" onClick = "checkField ( ) ;" >
</body >
</html >
```

程序运行结果如图 2.19 所示。

图 2.19 获得网页文档元素的标签

3. 获取元素内容

在获取到指定的网页文档元素后，使用 innerHTML 属性可以得到该元素的内容。

【例 2 - 22】 获取网页文档元素的内容。

```
<! DOCTYPE html >
< html >
```

```
< head >
  < script >
    function checkField( )
    {
        var   x = document. getElementById( " t1 " ) ;
        alert( " 获取元素内容 x = " + x. innerHTML) ;
    }
  < / script >
< / head >
< body >
    < div id = " t1 " >  Div #1  < /div >
    < div id = " t2 " >  Div #2  < /div >
    < input type = " button"  value = " 获取元素内容"  onClick = " checkField( ) ; " >
< / body >
< / html >
```

程序运行结果如图 2.20 所示。

图 2.20　获得网页文档元素的内容

4. 更改元素内容

在获取到指定的网页文档元素后，还可以使用 innerHTML 属性更改该元素的内容。

【例 2 – 23】　更改网页文档元素的内容。

```
<! DOCTYPE html >
< html >
< head >
  < script >
    function checkField( )
    {
```

```
        var  x = document. getElementById ( " t2 " ) ;
        x. innerHTML = " JavaScript 操作元素 " ;
    }
  </ script >
</ head >
< body >
    < div id  = " t1 " > Div #1  </ div >
    < div id  = " t2 " > Div #2  </ div >
    < input type = " button" value = " 更改元素内容" onClick = " checkField ( ) ; " >
</ body >
</ html >
```

程序运行结果如图 2.21 所示。

图 2.21　更改网页文档元素的内容

 习题

1. 编写一个"个人简历"网页，要求有说明文字、照片和链接。

2. 设计一个网站，标题为"我的母校"，要求有首页，另外链接 4 个以上网页页面。要求使用外部 CSS 修饰网页文字，有图片。

3. 设计一个计算三角形面积的 JavaScript 程序。

4. 把计算圆柱体体积的 JavaScript 语句另存为 . js 文件，在 HTML 文件中调用。

5. 编写一个名为 check( ) 的函数，用于检测用户表单中用户名及密码是否为空。

6. 用 JavaScript 函数嵌套计算 1! + 2! + 3! + 4! + 5!。

7. 设 HTML 网页文档中有一个内容为空的 < div > </ div > 区域，请编写一个 JavaScript 函数，为这个 < div > 区域增加"掌握 JavaScript 知识很重要"的文字内容。

第 3 章 jQuery 设计基础

为了简化 JavaScript 开发，设计人员编写了一些 JavaScript 代码库。这些代码库封装了很多预定义的对象和实用函数，能够简化开发人员的工作，提高代码执行效率。可以说，jQuery 改变了用户编写 JavaScript 程序的方式。

3.1 jQuery 概述

3.1.1 jQuery 简介

1. 认识 jQuery

jQuery 是一套 JavaScript 函数库，使用 jQuery 可以轻松访问网页元素、修改网页外观与内容、显示动画和响应用户的输入。使用 jQuery，可以简化 JavaScript 编程，通常需要编写几十行甚至更多的 JavaScript 代码才能实现的功能，使用 jQuery，只需要简单的几行甚至一行代码就可以搞定，极大地提高了 Web 开发和设计人员的工作效率。

2. jQuery 的下载地址

jQuery 的官方网站（http://jQuery.com）提供了 jQuery 最新版本的下载，如图 3.1 所示。

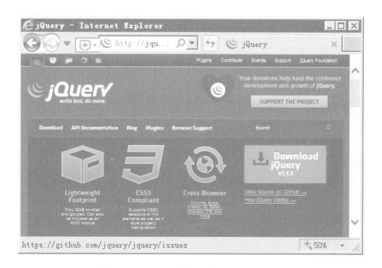

图 3.1 jQuery 官方网站下载最新版本

jQuery 的官方网站提供了 2 个下载的版本：jquery – 3.1.1.js（未压缩版）、jquery – 3.1.1.min.js（压缩版），通常情况下，只要使用 jquery –3.1.1.min.js（压缩版）就可以了。

3. 如何使用 jQuery

在 JavaScript 程序中使用 jQuery 有两种方式：一种是下载 jQuery 库的 js 文件到本地计算机上；另一种是使用 CDN（Content Delivery Network，网络分发）。

（1）使用下载的 jQuery 的 js 文件

jQuery 的使用非常简单，只需要在 HTML 文件中引用 jQuery 库的 js 文件即可。通常引用语句应该位于 < head > 部分，代码如下：

```
< head >
    < script type = " text/javascript" src = " jquery - 3. 1. 1. min. js"> </script >
</head >
```

（2）使用 CDN （网络分发）

CDN 是一种网络加速技术，以 Internet 来说，将数据存储在全球多个不同位置的服务器，当访问数据时，就会从最近的服务器来获取数据，以加速数据的访问。jQuery 的官网、Google 及国内百度等网站的服务器都存有 jQuery 库，可以很方便地引用。

如需引用 jQuery，可以使用以下代码之一：

● 引用 jQuery 官网的 CDN：

```
< script src = " https：//code. jquery. com/jquery - 3. 1. 1. min. js" > </script >
```

● 引用百度网站的 CDN：

```
< script src = " http：//libs. baidu. com/jquery/2. 1. 1/jquery. min. js" > </script >
```

3.1.2 jQuery 代码的编写

1. 第一个 jQuery 程序

【例 3 - 1】 一个简单的 jQuery 程序示例。

jQuery 程序的代码如下：

```
<！ DOCTYPE html >
< html >
  < head >
    < meta charset = " UTF - 8">
    <！ -- 引入 jQuery -- >
    < script type = " text/javascript"  src = " jquery - 3. 1. 1. min. js"> </script >
  </head >
< body >
    < script >
        jQuery （document）. ready （function（）{
        alert(" 我们开始学习 jQuery" );
        }）;
    </script >
```

```
</body >
</html >
```

程序运行结果如图 3.2 所示。

图 3.2　简单的 **jQuery** 程序运行结果

2. jQuery 程序的代码功能分析

在例 3 – 1 的代码中有如下代码片段：

```
jQuery（document）. ready（function（）{
      …    //程序段
  }）；
```

这段代码的作用类似于 JavaScript 中的 window. onload 方法：

```
window. onload = function（）{
      …    //程序段
  }
```

虽然上述两段代码在功能上相同，但它们之间又有许多区别：

（1）执行时间不同

jQuery（document）. ready 在页面框架下载完毕后就执行；而 window. onload 必须在页面全部加载完毕（包含图片下载）后才能执行。很明显前者的执行效率高于后者。

（2）执行数量不同

jQuery（document）. ready 可以重复写多个，并且每次执行结果不同；而 window. onload 尽管可以执行多个，但仅输出最后一个执行结果，无法完成多个结果的输出。

3. 2　jQuery 方法

1. jQuery 的核心方法

jQuery（）是 jQuery 体系的核心方法，所有的 jQuery 操作都在 jQuery（）方法中进行。jQuery 系统为方法名 "jQuery" 定义了一个别名 "＄"，以避免在程序中出现过多的 "jQuery"，便于程序阅读和维护。

【例 3 - 2】 使用 jQuery( )方法别名的示例，修改页面元素的文字属性。

```
<! DOCTYPE html >
<html >
  <head >
        <meta charset = " UTF -8">
        <! --引入 jQuery --->
        <script type = " text/javascript" src = " jquery -3. 1. 1. min. js" > </script >
          <script >
              $ (document). ready(function() {
                  $ (" #aa"). val(" jQuery 使用很简单");
                  $ (" #bb"). text(" 现在正在学习 jQuery");
              });
          </script >
  </head >
  <body >
    <div >
        <input id = " aa" type = " text">
        <p id = " bb">jQuery 方法 </p >
    </div >
  </body >
</html >
```

程序运行结果如图 3.3 所示。

图 3.3　使用 jQuery 方法的别名

2. ready()方法的简化

在 jQuery 中，ready( )常被简化，ready （function( )被简化为一个匿名函数。

代码

$ (document) . ready （function( ) { ⋯; })

可以简写成：

$ (function( ) { ⋯; })

这里，function( ){ }是匿名函数，ready( )被简化掉了。

因此下面的代码是等价的：

```
jQuery（document）. ready（function( ){
    …    //程序段
    }）
```

等价于

```
$（function( ){
    …    //程序段
}）
```

【例 3 - 3】 用 jQuery 程序的简化形式重写例 3 - 2 的代码。

```
<! DOCTYPE html >
< html >
  < head >
     < meta charset = " UTF - 8">
     <! -- 引入 jQuery -- >
     < script type = " text/javascript"  src = " jquery - 3. 1. 1. min. js"> </ script >
     < script >
        $（function( ){
            $（" #aa"）. val（" jQuery 使用很简单"）;
            $（" #bb"）. text（" 现在正在学习 jQuery"）;
        }）;
     </ script >
  </ head >
  < body >
     < div >
        < input id = " aa"  type = " text">
        < p id = " bb">jQuery 方法 </ p >
     </ div >
  </ body >
</ html >
```

程序运行结果与例 3 - 2 的运行结果完全相同，见图 3.3。

3. 3　jQuery 选择器

对页面中的某个元素进行功能操作时，必须先准确地找到该元素。jQuery 选择器就是对页面中的元素进行定位的。jQuery 选择器分为基本选择器、层次选择器、过滤器选择器和表单选择器。

3.3.1 jQuery 的基本选择器

jQuery 的基本选择器与 CSS 选择器语法相同，也是通过元素标签、id、class 的方式来指定页面中元素。在网页中，每个 id 名称只能使用一次，class 允许重复使用。jQuery 的基本选择器如表 3.1 所示。

表 3.1　jQuery 的基本选择器

选　择　器	描　　述	示　　例
#id	根据给定的 id 匹配一个元素	$("#test") 选取 id 为 test 的单个元素
. class	根据给定的类名匹配元素	$(". test") 选取所有 class 名为 test 的元素
element	根据给定的元素名匹配元素	$("p") 选取所有的 <p> 元素
*	匹配所有元素	$("*") 选取所有的元素
selector1, selector2, …, selectorN	将每一个选择器匹配到的元素合并后一起返回	$("div, span, p. myClass") 选取所有 <div>, <span> 和拥有 class 为 myClass 的 <p> 标签的一组元素

【例 3 - 4】 jQuery 基本选择器的 #id 选择器应用示例。在 HTML 页面上有一个 id 属性值为 test 的文本框和一个按钮，通过单击按钮获取文本输入框中所输入的值。

```
<! DOCTYPE html >
<html >
  <head >
    <meta charset = "UTF -8">
    <! -- 引入 jQuery -- >
    <script type = "text/javascript" src = "jquery -3. 1. 1. min. js"> </script >
    <script >
      jQuery (document). ready (function(){
          $("input [type ='button']"). click (function(){
              var inputValue = $("#test"). val();
          alert (inputValue);
          });
        });
    </script >
  </head >
  <body >
      <input type = "text" id = "test" value = ""/>
      <input type = "button" value = "获取输入值" onclick = ""/>
  </body >
</html >
```

程序运行结果如图 3.4 所示。

图 3.4 **#id** 选择器应用示例

【例 3-5】 jQuery 基本选择器的 . class 选择器应用示例。在 HTML 文档中设置一个空区域块，并由 CSS 设置该区域的背景颜色，通过 jQuery( ) 方法改变该区域块的背景颜色。

```
<! DOCTYPE html >
< html >
< head >
    < meta charset = " UTF - 8" >
    < script type = " text/javascript"  src = " jquery - 3. 1. 1. min. js" > </ script >
    < style type = " text/css" >
        . box  {width: 300px; height: 150px; background - color: #ccc; }        CSS 设置区域背景色
    </ style >
    < script >
        functionfun( )
         {
            $ ( ". box" ) . css( " background - color" , " #33a" ) ;        jQuery 修改区域背景色
         }
    </ script >
</ head >
  < body >
        < div class = " box" > </ div >
    < input type = " button"  value = " 改变颜色"  onclick = " fun( ) " >
  </ body >
</ html >
```

程序运行结果如图 3.5 所示。

图 3.5 **class** 选择器应用示例

3.3.2 jQuery 的层次选择器

如果想通过 DOM 元素之间的层次关系来获取特定元素，例如后代元素、子元素、相邻元素和兄弟元素等，那么层次选择器是一个非常好的选择。元素的层次关系如图 3.6 所示。

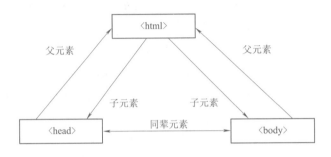

图 3.6　元素的层次关系示意图

jQuery 的层次选择器如表 3.2 所示。

表 3.2　jQuery 的层次选择器

选 择 器	描 述	示 例
$ (" ancestor descendant")	选取 ancestor 元素里的所有 descendant（后代元素）	$ (" div span") 选取 < div > 里的所有的 < span > 元素
$ (" parent > child")	选取 parent 元素下的 child（子）元素	$ (" div > span") 选取 < div > 元素下元素名是 < span > 的子元素
$ (" prev + next")	选取紧接在 prev 元素后的 next 元素	$ (" . one + div") 选取 class 为 one 的下一个 < div > 元素
$ (" prev ~ siblings")	选取 prev 元素之后的所有 siblings 元素	$ (" #two ~ div") 选择 id 为 two 的元素后面的所有 < div > 兄弟元素

【例 3 - 6】 jQuery 的层次选择器应用示例。使用层次选择器，获取 < div > 元素中的全部 < span > 元素，并设置它们的内容。

```
<! DOCTYPE html >
< html >
  < head >
    < meta charset = " UTF - 8">
    <! -- 引入 jQuery -->
    < script type = " text/javascript"  src = " jquery - 3. 1. 1. min. js"> </ script >
  </ head >
```

```
< body >
< div id = " d1 " >
    < div id = " d2 " >
        < span > < / span >
    < / div >
    < p >
    < span > < / span >
< / div >
    < script >
        $ ( " div span" ) . html( " 我们是同属 'id = d1' 的 div 大家族的成员" ) ;
    < / script >
< / body >
< / html >
```

在本例中，使用层次选择器 $ (" div span") 获取了在 < div id = " d1 " > 区域中的两个元素，一个是 < div id = " d2 " > 区域下的子元素，另一个是 < div id = " d2 " > 区域外的同级元素，但它们都是在一个 < div id = " d1 " > 元素下，也就是说在一个 "家族" 下。

程序运行结果如图 3.7 所示。

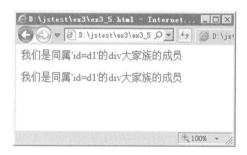

图 3.7　层次选择器应用示例

【例 3 – 7 】　jQuery 的层次选择器应用示例。控制 HTML 文档各级元素的样式。

```
< ! DOCTYPE html >
< html >
  < head >
    < meta charset = " UTF – 8" >
    < ! – – 引入 jQuery – – >
    < script type = " text/javascript" src = " jquery – 3. 1. 1. min. js" > < / script >
  < script >
  jQuery ( document ) . ready ( function ( ) {
  $ ( " div" ) . css( " border" , " solid 1ps red" ) ;          //控制文档中所有 div 元素
  $ ( " div > div" ) . css( " margin" , " 2em" ) ;             //控制 div 元素中包含的 div 子元素
  $ ( " div div" ) . css( " background" , " #ff0" ) ;           //控制最外层 div 元素包含的所有 div 元素
```

```
$("div div div").css("background","#f0f");        //控制第3层及其以内的 div 元素
$("div+p").css("margin","2em");                    //控制 div 相邻的 p 元素
$("div:eq(1) ~ p").css("background","cyan");       //控制 div 后面并列的所有 p 元素
});
</script>
</head>
<body>
    <div>一级 div 元素
        <div> 二级 div 元素
            <div>
                    三级 div 元素
            </div>
        <p>段落文本 11</p>
        <p>段落文本 12</p>
        </div>
        <p>段落文本 21</p>
        <p>段落文本 22</p>
    </div>
    <p>段落文本 31</p>
    <p>段落文本 32</p>
</body>
</html>
```

本例中虽然没有定义 id 或 class 属性，但是并不影响页面的显示样式。程序的运行结果如图 3.8 所示。

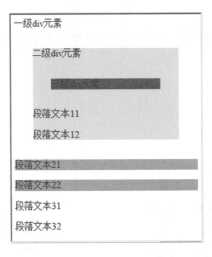

图 3.8 应用层次选择器控制 HTML 文档各级元素的样式

3.3.3 jQuery 的过滤选择器

1. 基本过滤选择器

基本过滤选择器是指以冒号(":")开头，通常用于实现简单过滤效果的筛选器，如表3.3所示。

表 3.3　基本过滤选择器

选　择　器	描　　　述	返　　回	示　　例
:first	匹配第一个元素	单个元素	$("div:first")
:last	匹配最后一个元素	单个元素	$("span:last")
:even	匹配索引是偶数的元素索引从 0 开始	集合元素	$("li:even")
:odd	匹配索引是奇数的元素索引从 0 开始	集合元素	$("li:odd")
:eq(index)	匹配索引等于 index 的元素（索引从 0 开始）	单个元素	$("input:eq(2)")
:gt(index)	匹配索引大于 index 的元素（索引从 0 开始）	集合元素	$("input:gt(1)")
:lt(index)	匹配索引小于 index 的元素（索引从 0 开始）	集合元素	$("input:lt(5)")
:header	匹配所有 h1、h2 等标题元素	集合元素	$(":header")
:animated	匹配所有正在执行动画的元素	集合元素	$("div:animated")

【例 3-8】　基本过滤选择器应用示例。

```
<! DOCTYPE html >
< html >
  < head >
    < meta charset = "UTF -8">
    <! --引入 jQuery -->
    < script type = "text/javascript" src = "jquery -3. 1. 1. min. js"> </script >
    < script >
      jQuery (document) . ready (function () {
      $("li: eq (2)") . css (" background"," cyan"); //选择第 3 个列表项（从 0 算起）
      });
    </script >
  </head >
  < body >
    < ul >
        <li > C ++ </li >
        <li > Java </li >
        <li > JavaScript </li >
        <li > Python </li >
    </ul >
  </body >
```

```
</html>
```
程序运行结果如图 3.9 所示。

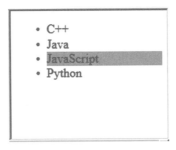

图 3.9 基本过滤选择器示例

2. 内容过滤选择器

内容过滤选择器是指通过 DOM 元素包含的文本内容以及是否含有匹配的元素进行筛选，内容过滤选择器如表 3.4 所示。

表 3.4　内容过滤选择器

选　　择　　器	描　　　　述	返　　回	示　　　例
:contains(text)	匹配含有文本内容 text 的元素	集合元素	$("p:contains(今天)")$
:empty	匹配不含子元素或文本元素的空元素	集合元素	$("p:empty")$
:has(selector)	匹配包含 selector 元素的元素	集合元素	$("div:has(span)")$
:parent	匹配含有子元素或文本的元素	集合元素	$("div:parent")$

【例 3 - 9】 jQuery 的内容过滤选择器应用示例。

```
<! DOCTYPE html >
< html >
  < head >
    < meta charset = " UTF - 8" >
    <! -- 引入 jQuery -- >
    < script type = " text/javascript"  src = " jquery - 3. 1. 1. min. js" > </ script >
    < script >
      //jQuery ( document ) . ready ( function( ) {
      $ ( function ( ) {
      $ ( " li:contains ( 'JavaScript') " ) . css ( " color" ," cyan" ) ;
      } ) ;
    </ script >
  </ head >
  < body >
  < ul >
    < li > C ++ </ li >
```

```
        < li > Java </li >
        < li > JavaScript </li >
        < li > Python </li >
      </ul >
    </body >
  </html >
```

程序运行结果如图 3.10 所示。

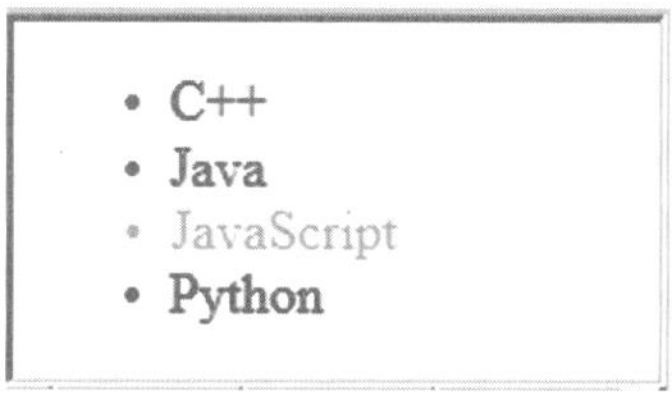

图 3.10　内容过滤选择器应用示例

3.3.4 jQuery 的表单选择器

为了使用户能够更加灵活地操作表单，jQuery 专门加入了表单选择器，能极其方便地获取到表单的某个或某类型的元素。jQuery 的表单选择器如表 3.5 所示。

表 3.5　jQuery 的表单选择器

选　择　器	描　　　　述	返　回	示　　例
:input	匹配所有 input、textarea、select、button 元素	集合元素	$ (" input")
:text	匹配所有文本框	集合元素	$ (" :text")
:password	匹配所有密码框	集合元素	$ (" :password")
:radio	匹配所有单选按钮	集合元素	$ (" :radio")
:checkbox	匹配所有所有多选框	集合元素	$ (":checkbox")
:submit	匹配所有提交按钮	集合元素	$ (":submit")
:image	匹配所有图像按钮	集合元素	$ (":image")
:reset	匹配所有重置按钮	集合元素	$ (" :reset")
:button	匹配所有按钮	集合元素	$ (" :button")
:file	匹配所有上传域	集合元素	$ (" :file")

【例 3 – 10 】 jQuery 的表单选择器应用示例。

```
< ! DOCTYPE html >
< html >
  < head >
    < meta charset = " UTF – 8" >
    < ! –– 引入 jQuery ––>
    < script type = " text/javascript"  src = " jquery – 3. 1. 1. min. js" > </script >
```

```
< script type = " text/javascript" >
    $ (document) . ready (function () {
            $ (": text") . attr(" value" , " 文本框") ;
            $ (": password") . attr(" value" , " 密码框") ;
            $ (": radio: eq (0)") . attr(" checked" , " true") ;
            $ (": checkbox") . attr(" checked" , " true") ;
            $ (": image") . attr(" src" , " ICO. ICO") ;
            $ (": file") . css(" width" , " 180px") ;
            $ (": hidden") . attr(" value" , " 已保存的值") ;
            $ (" select") . css(" background" , " #FCF") ; //注意 select 没有冒号
            $ (": submit") . attr(" id" , " btn1") ;
            $ (": reset") . attr(" name" , " btn") ;
            $ (" textarea") . attr(" value" , " 文本域") ; //注意" textarea" 没有冒号
    }) ;
</script >
</head >
<body >
    < table width = " 700" height = " 145" border = " 1" >
    < tr >
        < td width = " 100" height = " 23" > 文本框 </td >
        < td width = " 160" > < input type = " text" / > </td >
        < td width = " 90" > 密码框 </td >
        < td width = " 50" > < input type = " password" / > </td >
    </tr >
    < tr >
        < td height = " 24" > 单选按钮 </td >
        < td > < input type = " radio" / > < input type = " radio" / > </td >
        < td > 复选框 </td >
        < td > < input type = " checkbox" / > < input type = " checkbox" / > </td >
    </tr >
    < tr >
        < td height = " 36" > 图像 </td >
        < td > < input type = " image" / > </td >
        < td > 文件域 </td >
        < td > < input type = " file" / > </td >
    </tr >
    < tr >
        < td height = " 23" > 隐藏域 </td >
        < td > < input type = " hidden" / > (不可见) </td >
        < td > 下拉列表 </td >
```

```
        < td > < select > < option > 选项一 </ option >
                        < option > 选项二 </ option >
                        < option > 选项三 </ option >
                </ select >
            </ td >
    </ tr >
    < tr >
        < td height = " 25" > 提交按钮 </ td >
        < td > < input type = " submit" / > </ td >
        < td > 重置按钮 </ td >
        < td > < input type = " reset" / > </ td >
    </ tr >
    < tr >
        < td valign = " top" > 文本区域: </ td >
        < td colspan = " 3" > < textarea cols = " 70"  rows = " 3" > </ textarea > </ td >
    </ tr >
</ body >
</ html >
```

程序运行结果如图 3.11 所示。

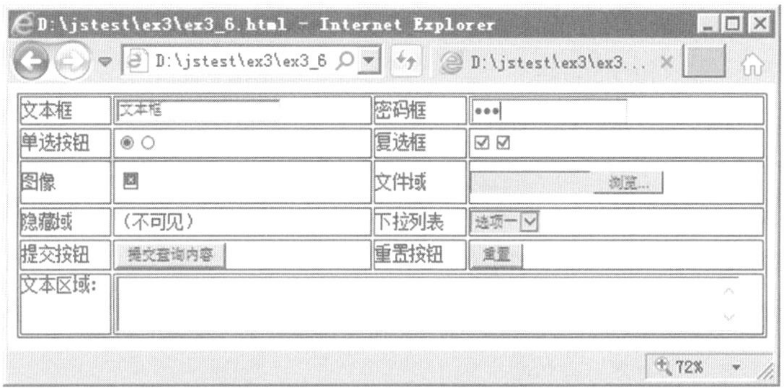

图 3.11 表单选择器应用示例

3. 4　jQuery 事件处理

事件处理（Event Handlers）是 jQuery 程序中一个非常重要的功能，通常用于响应用户的
互动或创建特效及动画效果。

3. 4. 1 事件与事件处理

1. 事件

事件是用户在浏览网页页面时与网页互动时产生的动作。例如，单击鼠标或加载网页页面

内容时触发的一些动作。

在事件中经常使用术语"触发"（或"激发"），例如，"当您按下按键时触发 keypress 事件"。

在 JavaScript 中定义了很多 DOM 事件，在 jQuery 中，大多数 DOM 事件都有一个等效的 jQuery 方法。常见的 DOM 事件如表 3.6 所示。

表 3.6　常见的 DOM 事件

鼠 标 事 件	键 盘 事 件	表 单 事 件	文档/窗口事件
click	keypress	submit	load
dblclick	keydown	change	resize
mouseenter	keyup	focus	scroll
mouseleave		blur	unload

2. jQuery 事件处理方法的语法格式

下面以处理点击事件 click( ) 方法来说明 jQuery 事件处理方法的语法格式。

例如，页面中指定一个点击事件：

　　$ (" p") . click ( ) ;

经常在 $ （ document ） . ready ( ) 中使用一个事件函数来处理事件。$ （ document ） . ready( ) 方法是在文档完全加载完后执行的函数。

```
$ ( document ) . ready ( function( ) {
    $ ( " p" ) . click( function( ) {
        // 动作触发后执行的代码!
    } ) ;
} ) ;
```

【例 3 – 11】 处理点击事件 click( ) 方法的示例。

```
< ! DOCTYPE html >
< html >
  < head >
    < meta charset = " UTF – 8" >
    < ! -- 引入 jQuery -->
    < script type = " text/javascript"  src = " jquery – 3. 1. 1. min. js" > < /script >
    < script >
        $ ( document ) . ready ( function( ) {
            $ ( " p" ) . click( function( ) {
                $ ( this ) . hide ( ) ;
            } ) ;
        } ) ;
    < /script >
  < /head >
```

```
<body>
    <p>如果你点我，我就会消失。</p>
    <p>点我消失！</p>
    <p>点我也消失！</p>
</body>
</html>
```

3.4.2 jQuery 的鼠标事件

1. jQuery 中常见的鼠标事件

鼠标事件是指鼠标在网页页面进行相关操作时触发的事件，jQuery 中常见的鼠标事件如表 3.7 所示。

表 3.7　jQuery 中常见的鼠标事件

事 件 名 称	说　明
click 事件	单击鼠标左键时触发
dbclick 事件	双击鼠标左键时触发
mousedown 事件	按下鼠标按键时触发（无论左、右键）
mouseup 事件	放开鼠标按键时触发
mouseover 事件	鼠标进入指定元素时触发
mouseout 事件	鼠标移出指定元素时触发
hover 事件	把两个事件连起来使用

2. 鼠标事件示例

（1）click 事件

```
$('p').click(function(){
    alert("运行单击鼠标 click 事件!");
});
```

（2）dbclick 事件

```
$('p').dbclick(function(){
    alert("运行双击鼠标 dbclick 事件!"');
});
```

（3）mousedown 事件

```
$('p').mousedown(function(){
    alert('mousedown function is running！');
});
```

（4）mouseup 事件

```
$('p').mouseup(function(){
    alert('mouseup function is running！');
});
```

（5）mouseover 事件和 mouseout 事件

```
$（"p"）.mouseover（function（）{
    $（"p"）.css（"background－color","yellow"）;
}）; 0
  $（"p"）.mouseout（function（）{
    $（"p"）.css（"background－color","#E9E9E4"）;
}）;
```

3. hover( )方法

hover( )是一个处理多个不同事件的方法，使用该方法时需要 2 个处理函数作参数。当鼠标进入所选元素时，就执行第 1 个参数的函数；当鼠标离开所选元素时，则执行第 2 个参数的函数。

【例 3－12】 实现表格的隔行变色，当鼠标悬停时突出显示某行。其效果如图 3.12 所示。

```
<！DOCTYPE html >
< html >
  < head >
    < meta charset = "UTF－8">
```

姓名	性别	暂住地
张大山	男	福建厦门
李晓丽	女	浙江杭州
王老五	男	湖南长沙
赵顺六	男	广东顺德
吴小芳	男	浙江金华
钱宗保	女	江西九江

图 3.12　鼠标悬停时突出显示某行

```
    < style type = "text/css">
        table{ border:0;border－collapse:collapse;}
        td { font:normal 12px/17px Arial;padding:2px;width:100px;}
        th{ font:bold 12px/17px Arial;text－align:left;
            padding:4px;border－bottom:1px solid #333;}
        .even{ background:#FFF38F;}
        .odd{ background:#FFFFEE;}
        .selected{ background:#FF6500;color:#fff;}
    </style >
    <！－－引入 jQuery －－>
    < script type = "text/javascript" src = "jquery－3.1.1.min.js"> </script >
    < script >
        $（document）.ready（function（）{
            $（"tbody tr:even"）.addClass（"even"）;//选择所有相隔的偶数元素(从 0 开始)
            $（"tbody tr:odd"）.addClass（"odd"）; //选择所有相隔的奇数元素
```

```
        $ ( " tbody tr" ) . hover(
            function ( ) {  $ ( this ) . addClass ( " selected" ) ;  } , //增加颜色加深的样式类
            function ( ) {  $ ( this ) . removeClass ( " selected" ) ; } //恢复原颜色
        ) ;
    } ) ;
</script >
</head >
<body >
    <table >
        <thead >
            <tr > <th >姓名 </th > <th >性别 </th > <th >籍贯 </th > </tr >
        </thead >
        <tbody >
            <tr > <td >张大山 </td > <td >男 </td > <td >福建厦门 </td > </tr >
            <tr > <td >李晓丽 </td > <td >女 </td > <td >浙江杭州 </td > </tr >
            <tr > <td >王老五 </td > <td >男 </td > <td >湖南长沙 </td > </tr >
            <tr > <td >赵顺六 </td > <td >男 </td > <td >广东顺德 </td > </tr >
            <tr > <td >吴小芳 </td > <td >女 </td > <td >浙江金华 </td > </tr >
            <tr > <td >钱宗保 </td > <td >女 </td > <td >江西九江 </td > </tr >
        </tbody >
    </table >
</body >
</html >
```

在本例中,使用了 jQuery 的 addClass ( ) 方法和 removeClass ( ) 方法,addClass ( ) 方法是向被选元素添加一个类,removeClass ( ) 方法则是向被选元素删除一个类。

3.4.3　$.each()方法的循环遍历算法

使用 jQuery 的 $.each ( ) 方法可以遍历任何集合,如对象或数组。$.each ( ) 方法的第一个参数为要遍历的集合,第二个参数为回调函数,该回调函数每次传递一个数组的下标和这个下标所对应的数组的值。

$.each ( ) 方法的一般格式表示如下:

(1) 遍历数组的一般格式

```
$ . each ( Array, function ( p1, p2 ) {
    this;          //这里的 this 指向每次遍历中 Array 的当前元素
    p1; p2;        //访问附加参数
} , [ '参数 1', '参数 2' ] ) ;
```

(2) 遍历对象的一般格式

```
$ . each ( Object, function ( name, value ) {
    this;              //this 指向当前属性的值
```

```
        name;              //name 表示 Object 当前属性的名称
        value;             //value 表示 Object 当前属性的值
});
```

【例 3 – 13】 应用 $.each() 方法的循环遍历算法示例。

```
<! DOCTYPE html >
< html >
  < head >
    < meta charset = " UTF – 8">
    < script type = " text/javascript"  src = " jquery – 3. 1. 1. min. js"> </script >
  </head >
  < body >
    < div id = " id1"> </div > < br/ >
    < div id = " id2"> </div > < br/ >
    < div id = " id3"> </div > < br/ >
     < script >
        var data1 = [1, 2, 3];
        var data2 = {name: '张大山', age: 20};
        var data3 = [{name: '张大山', age: 20}, {name: '李晓丽', age: 21}];
        $. each (data1, function (i, data) {
            $ (" #id1") . append (data +"    ");
            });
        $. each (data2, function (i, data) {
            $ (" #id2") . append (data +" < br/ >");
            });
        $. each (data3,
          function (i, data) {
              $ (" #id3") . append (data['name'] +"    " + data['age'] + " < br/ >");
          }
        );
    </script >
  </body >
</html >
```

程序运行结果:

123

张大山

20

张大山 20

李晓丽 21

3.5 jQuery 自定义插件

3.5.1 jQuery 自定义插件规范

jQuery 插件实际上就是以 jQuery 核心代码为基础编写的一段应用程序，开发人员可以使用它创建 Web 应用程序，提高移动网站的开发效率。

虽然 jQuery 自身的函数库可以满足大部分开发需求，但还是很难满足所有设计需要，特别是个性化开发需求。

创建 jQuery 插件需要遵守一定的规则，以确保自定义的插件能与其他代码兼容。

1. jQuery 自定义插件的命名规则

如果希望用户在查看文件时立即知道这是什么插件，统一文件名称是必需的。

jQuery 自定义插件的命名规则：

jquery. 插件名 .js

自定义插件名时要注意防止与 JavaScript 库的插件混淆。

2. 方法返回值

所有 jQuery 插件的方法都应该返回一个值，除特定需求之外，所有方法都必须返回 jQuery 对象。

如果需要方法返回计算值或者某个特定对象，一般都应该返回当前上下文环境中的 jQuery 对象，用 this 关键字引用。通过这种方式，可以保持 jQuery 框架方法顺序链的连续。

3. jQuery 与 $ 有区别

在插件代码中总是使用 jQuery，而不是使用别名 " $ "。

jQuery 插件分为 jQuery 对象级的插件和 jQuery 类级别的插件，它们在编写形式上有一些差别。

3.5.2 封装 jQuery 对象级的插件

1. 封装插件

把实现某功能的代码定义为函数，设有函数如下：

jQuery. fn. 函数名 = function（参数）{

    …；//实现功能的代码

};

则将该函数封装成插件的语法格式如下：

（function（$）{

    $. fn. 函数名 = function（参数）{

        …；//实现功能的代码

    };

```
} ) （jQuery）; //封装插件
```

2. 调用插件

调用插件的语句格式如下：

$("#id"). 函数名（参数）;

【例 3 – 14】 创建一个能改变对象文字内容功能的插件。

● 新建一个名为 jquery. ex3_ 14. js 的 jQuery 插件文件，其代码如下：

```
(function（$）{
    $. fn. sayhello = function（name）{      //定义函数名为 sayhello
        $（this）. css({"font – size"："150%"});
        $（this）. text（name + "插件，我来了"）;
    };
}）（jQuery）;
```

● 建立 ex3_ 14. html，调用插件的函数。

```
<! DOCTYPE html >
< html >
  < head >
    < meta charset = " UTF – 8" >
    < script src = " jq/jquery – 3. 1. 1. min. js" > </script >
    < script src = " jquery. ex3_14. js" > </script >       <! – – 引用自定义的插件 – – >
    < script >
      $（document）. ready（function（）{
        $（"#sid"）. click（function（）{
          $（this）. sayhello("jQuery"）;    //调用方法 $（"#id"）. 函数名（参数）;
        });
      });
    </script >
  </head >
  < body >
      < h1 > < p  id = "sid" >单击我，我会改变   </p > </h1 >
</body >
</html >
```

程序运行结果如图 3.13 所示。

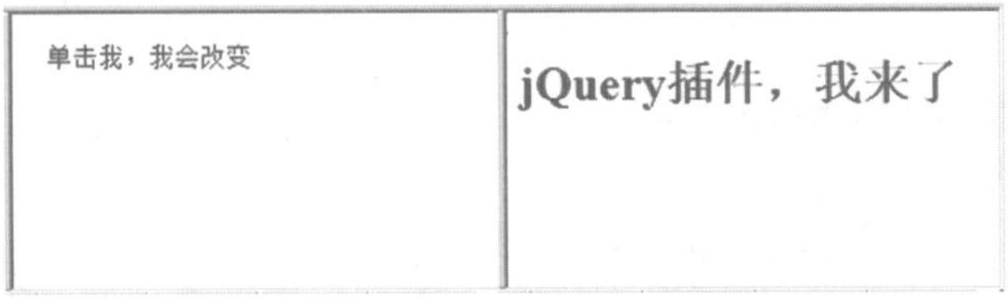

单击我，我会改变	jQuery插件，我来了

图 3.13　jQuery 对象级的插件的应用示例

3.5.3 定义类级别插件

1. 封闭类级别插件

定义类级别插件的语法格式如下：

```
jQuery. extend（{
    函数名 1：function（参数）{
        …；   //实现功能的代码
    }，
    函数名 2：function（参数）{
        …；   //实现功能的代码
    }
}）；
```

2. 调用插件

调用插件的语句格式如下：

```
$. 函数名（参数）；
```

【例 3 - 15】 创建一个类级别的插件。

● 新建一个插件文件：jquery. ex3_ 15. js。

```
jQuery. extend（{
    sayhello：function（name）{     //定义函数名为 sayhello
        return alert（name +" 插件，我来了"）；
    }
}）；
```

● 建立 ex3_ 15. html，调用插件中的函数。

```
<! DOCTYPE html >
<html >
  <head >
    <meta charset =" UTF -8">
    <script src =" jq/jquery -3. 1. 1. min. js"> </script >
    <script src =" jquery. ex3_15. js"> </script >    <! -- 引用自定义的插件 -- >
    <script type =" text/javascript">
      $（document）. ready（function（){
        $（"#sid"）. click（function(){
          $. sayhello(" jQuery")；   //调用方法：$. 函数名（参数）；
        }）；
      }）；
    </script >
  </head >
  <body >
```

```
<h1> <p  id = " sid">单击我,我会改变 </p> </h1>
</body>
</html>
```

【例 3 – 16】 编写一个插件程序,点击图片时,显示另一张图片。

- 定义插件文件 jquery. ex3_ 16. js,代码如下:

```
(function ( $ ) {
    $. fn. changeimg = function (img2) {
        $ (this) . hide ( );              //当前图片隐藏
        $ (img2) . show ( );             //另一张图片显示
    };
}) (jQuery);
```

- 建立 ex3_ 16. html 文件,调用插件函数,代码如下:

```
<! DOCTYPE html>
    <html>
    <head>
    <meta charset = " utf – 8">
    <script src = " jq/jquery – 3. 1. 1. min. js"> </script>
    <script src = " jquery. ex3_16. js"> </script>    <! –– 引用自定义的插件 –– >
    <script>
    $ (document) . ready (function( ) {
        $ (" #imgid1" ) . click (function( ) {
            $ (this) . changeimg(" #imgid2" );
        });
    });
    function imghide( ) {
        $ (" #imgid2" ) . hide ( );
      };
    </script>
    </head>
    <body onload = " imghide( )" >
        <center> <h1>
            <p>熊孩子 </p>
            <img id = " imgid1" src = " e1. jpg">
            <img id = " imgid2" src = " e2. jpg">
            </h1> </center>
    </body>
    </html>
```

程序运行结果如图 3.14 所示。

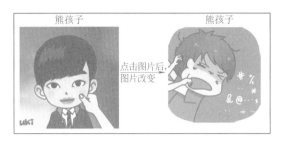

图 3.14　自定义隐藏和显示图像的插件

【例 3 - 17】　实现购物车添加或减少商品自动结算功能的程序设计。

● 定义插件文件 jquery. ex3_ 17. js，代码如下：

```
jQuery. extend ( {
    spadd : function ( option) {
        var t = $ ( option) . parent( ). find ( 'input[ class * = text_ box]');
        t. val ( parseInt ( t. val( ) )  +1) ;
    },
    spmin : function ( option) {
        var t = $ ( option) . parent( ). find ( 'input[ class * = text_ box]');
        t. val ( parseInt ( t. val( ) )  −1)
        if ( parseInt ( t. val( ) )  <0) {
        t. val (0) ;
        }
    }
});
```

● 建立 ex3_ 17. html 文件，调用插件函数，代码如下：

```
<! DOCTYPE html >
<html >
<head >
<meta charset = " utf −8">
<script type = " text/javascript" src = " jquery −3. 1. 1. min. js"> </script >
<script src = " jquery. ex3_16. js"> </script >  <! −− 引用自定义的插件 −− >
<script type = " text/javascript">
$ ( function( ) {
    $ (". add") . click ( function( ) {
        $. spadd ( this) ; //调用插件的 spadd( )方法
        setTotal( ) ;
    })
    $ (". min") . click ( function( ) {
        $. spmin ( this) ; //调用插件的 spmin( )方法
        setTotal( ) ;
```

```
            })
        })
            //计算总价
        function setTotal( ) {
            var s =0;
            $ ( " #tab td" ) . each  ( function( ) {
                s + = parseInt  ( $  ( this ) . find  ( 'input[ class ∗ = text_ box]') . val( ) )
                        ∗ parseFloat ( $  ( this ) . find  ( 'span[ class ∗ = price ]') . text( ) );
            } ) ;        //价格 = 数量 ∗ 单价
            $ ( " #total" ) . html  ( s. toFixed  ( 2 ) );
        }
    < /script >
    < /head >
    < body >
    < table id = " tab" >
        < tr >
        < td >
            < span > 单价: < /span > < span class = " price">1. 50 < /span >
            < input class = " min"  name = " "  type = " button"  value = " − "/ >
            < input class = " text_box"  name = " "  type = " text"  value = " 1"/ >
            < input class = " add"  name = " "  type = " button"  value = " + "/ > < /td >
        < /tr >
        < tr >
        < td >
            < span > 单价:  < /span > < span class = " price">3. 95 < /span >
            < input class = " min"  name = " "  type = " button"  value = " − "/ >
            < input class = " text_box"  name = " "  type = " text"  value = " 1"/ >
            < input class = " add"  name = " "  type = " button"  value = " + "/ > < /td >
        < /tr >
    < /table >
    < p > 总价: < label id = " total" > < /label > < /p >
    < /body >
    < /html >
```

程序运行结果如图3.15 所示。

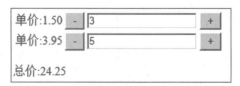

图3.15　实现购物车商品自动结算功能

3.5.4 使用 jQuery UI 插件

UI 是 User Interface 的简称，即用户界面。jQuery UI 是以 jQuery 为基础的开源用户界面代码库，它包含底层用户交互、动画、特效和可更换主题的可视组件。jQuery UI 是未来 jQuery 技术框架发展的趋势，也是未来互联网客户端程序发展的方向。

1. jQuery UI 的下载

在使用 jQuery UI 之前，首先需要下载 jQuery UI，在浏览器输入官方网址 "http：//jqueryui. com/"，如图 3.16 所示。

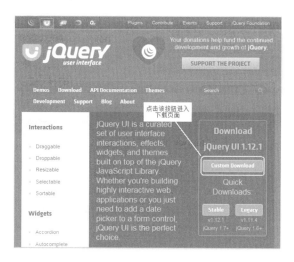

图 3.16　下载 **jQuery UI**

进入 jQuery UI 网站的 Download Builder 页面，选择 jQuery UI 的版本及 jQuery UI 插件的主题，如图 3.17 所示。

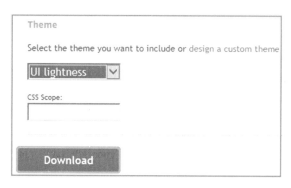

图 3.17　选择 **jQuery UI** 的主题

2. jQuery UI 插件的使用

jQuery UI 下载后，得到一个包含所选组件的 zip 压缩文件 jquery – ui –1. 12. 1. zip，解压该文件到需要使用 jQuery UI 的应用程序目录下即可。

下面以日期选择器（Datepicker）插件为例来说明 jQuery UI 插件的使用。

日期选择器（Datepicker）插件主要用来从弹出的在线日历中选择一个日期。

（1） 引用下载的 jQuery UI 插件（增加了支持中文的 datepicker_ cn. js 引用）

```
<script src = "js/jquery – ui. min. js"> </script>
<script src = "js/datepicker. js"> </script>
<script src = "js/datepicker – zh – CN. js"> </script>
```

（2） 引入默认样式表文件

```
<link rel = "stylesheet" href = "jquery – ui. min. css"/>
<link rel = "stylesheet" href = "js/jquery. mobile. datepicker. css"/>
```

（3） 在 HTML 页面中添加输入框组件， 设置 id 属性值

```
<input type = "text" id = "selectDate"/>
```

（4） jQuery UI 插件的日期选择器调用

```
$ (document) . ready (function( ) {
        $ ('#selectDate') . datepicker( );
});
```

【例 3 – 18】 使用日期选择器（Datepicker）插件选择日期示例。

```
<! DOCTYPE html>
<html>
  <head>
      <meta charset = "utf – 8">
      <script type = "text/javascript" src = "jquery – 3. 1. 1. min. js"> </script>
      <script type = "text/javascript" src = "jquery. ex3_16. js"> </script>
      <! ――添加 datepicker 支持 ―― >
      <script src = "jquery – ui. min. js"> </script>
      <script src = "js/datepicker. js"> </script>
      <script src = "js/datepicker – zh – CN. js"> </script>
      <! ―― 引入样式 css ―― >
      <link rel = "stylesheet" href = "jquery – ui. min. css"/>
      <link rel = "stylesheet" href = "js/jquery. mobile. datepicker. css"/>
      <script type = "text/javascript">
        $ (document) . ready (function( ) {
            $ ('#selectDate') . datepicker( );
          });
      </script>
  </head>
  <body>
    <div id = "">
        <center> <h3>日期选择器使用示例</h3> </center> <br/>
        选择日期： <input type = "text" id = "selectDate"/>
```

```
</div >
</body >
</html >
```

程序运行结果如图 3.18 所示。

图 3.18 日期选择器插件的使用示例

3.6 jQuery 动画与特效

3.6.1 jQuery 的特效方法

jQuery 提供了一些常用的特效：显示、隐藏、滑动和淡入淡出，可以通过所选择元素执行特效方法来创建动画与特效。

1. jQuery 特效的基本语法

jQuery 特效方法的基本语法如下：

$(选择器) . 特效方法（持续时间，回调函数）；

其中，持续时间以毫秒为单位，特效方法如表 3.8 所示。

表 3.8 jQuery 常用的特效方法

特 效 名 称	特 效 方 法	方 法 说 明
显示与隐藏	show( )	显示元素
	hide( )	隐藏元素
	toggle( )	单击切换显示或隐藏元素
滑动	slideDown( )	元素向下滑动
	slideUp( )	元素向上滑动
	slideToggle( )	切换元素向上或向下滑动
淡入淡出	fadeIn( )	淡入元素，即慢慢变成不透明

续表

特 效 名 称	特 效 方 法	方 法 说 明
淡入淡出	fadeIn( )	淡入元素，即慢慢变成不透明
	fadeOut( )	淡出元素，即慢慢变成透明
	fadeToggle( )	切换交叉进出元素
	fadeTo( )	元素慢慢变成指定的透明度

2. 显示和隐藏元素 show() 和 hide()

对于动画来说，显示和隐藏是最基本的效果之一，jQuery 使用 show( ) 和 hide( ) 方法显示和隐藏 HTML 元素，创建基本的特效。

show( ) 和 hide( ) 方法的语法如下：

show（duration, [callback]）;

hide（duration, [callback]）;

其中，duration 表示动画执行时间的长短，可以表示速度的字符串，包括 slow、normal、fast，也可以是表示时间的整数（毫秒）。callback 是可选的回调函数。

【例 3 – 19】 显示和隐藏元素示例，将文字内容隐藏。

```
<! DOCTYPE html >
< html >
  < head >
    < meta charset = " UTF – 8">
    <! -- 引入 jQuery -- >
    < script type = " text/javascript"  src = " jquery – 3. 1. 1. min. js" > </script >
  </head >
  < body >
      < script type = " text/javascript" >
            $（function( ) {
                $ (" input: first" ) . click（function( ) {
                    $ (" p" ) . hide（300）;      // 隐藏
                } );
                $ (" input: last" ) . click（function( ) {
                    $ (" p" ) . show（500）;      // 显示
                } );
            } );
      </script >
      < input type = " button"  value = " Hide" >
      < input type = " button"  value = " Show" >
      <p > 点击按钮，看看效果 </p >
  </body >
```

</ html >

程序运行结果如图 3.19 所示。

图 3.19　显示和隐藏文字

3. 淡入淡出方法 fadeIn()和 fadeOut()

jQuery 还提供了 fadeIn( )个 fadeOut( )这两个实用的方法，其动画效果为淡入淡出，语法与 show( )和 hide( )相同：

fadeIn（duration,［callback］）；

fadeOut（duration,［callback］）；

【例 3 - 20】　淡入淡出方法应用示例：图片的淡入淡出。

```
<! DOCTYPE html >
< html >
  < head >
    < meta charset = " UTF - 8">
    <! -- 引入 jQuery -- >
    < script type = " text/javascript" src = " jquery - 3. 1. 1. min. js"> </ script >
  </ head >
  < body >
    < script type = " text/javascript">
        $ (function( ) {
            $ (" input：eq (0)") . click (function( ) {
                $ (" img") . fadeOut (3000) ;      //淡出
            }) ;
            $ (" input：eq (1)") . click (function( ) {
                $ (" img") . fadeIn (1000) ;        //淡入
            }) ;
        }) ;
    </ script >
        < img src = " p3. jpg">
        < input type = " button" value = " 淡出">
        < input type = " button"  value = " 淡入">
  </ body >
</ html >
```

程序运行结果如图 3.20 所示。

图 3.20　图片淡入淡出示例

4. 滑动效果 slideUp() 和 slideDown()

jQuery 还提供了 slideUp( ) 和 slideDown( ) 来模拟 PPT 中的类似幻灯片拉帘效果，使用方法与 slow( ) 和 hide( ) 相同。

【例 3 – 21】　滑动效果应用示例。

```
<! DOCTYPE html >
< html >
  < head >
    < meta charset = " UTF – 8" >
    <! –– 引入 jQuery –– >
    < script type = " text/javascript"  src = " jquery – 3. 1. 1. min. js" > </script >
  </head >
< body >
< script type = " text/javascript" >
      $ (function( ) {
          $ (" input: eq (0)" ) . click (function( ) {
              $ (" div" ) . add(" img" ). slideUp( 1000) ;
          } ) ;
          $ (" input: eq (1)" ) . click (function( ) {
              $ (" div" ) . add(" img" ). slideDown( 1000) ;
          } ) ;
          $ (" input: eq (2)" ) . click (function( ) {
              $ (" div" ) . add(" img" ). hide( 1000) ;
          } ) ;
          $ (" input: eq (3)" ) . click (function( ) {
              $ (" div" ) . add(" img" ). show( 1000) ;
          } ) ;
      } ) ;
  </script >
  < input type = " button"  value = " SlideUp" >
```

```
< input type = " button"  value = " SlideDown" >
< input type = " button"  value = " Hide" >
< input type = " button"  value = " Show" > < br >
< div > < /div > < img src = " p3. jpg" >
</body >
</html >
```

以上代码定义了一个 div 和一个 img，用 add( )方法组合在一起。程序运行结果如图 3.21 所示。

图 3.21　滑动效果应用示例

5.　自定义动画

考虑到 jQuery 框架的通用性及代码文件的大小，jQuery 不能涵盖所有的动画效果，但它提供了 animate( )方法，能够使开发者自定义动画。本节主要通过介绍 animate( )方法的两种形式及应用。

animate( )方法给开发者很大的空间。它一共有两种形式，第一种形式比较常用。用法如下：

animate（params，［duration］，［easing］，［callback］）

其中，params 为希望进行变幻的 CSS 属性列表，以及希望变化到的最终值，duration 为可选项，与 show( )/hide( )的参数含义完全相同。easing 为可选参数，通常供动画插件使用，用来控制节奏的变化过程。jQuery 中只提供了 linear 和 swing 两个值，callback 为可选的回调函数，在动画完成后触发。

需要注意，params 中的变量遵循 camel 命名方式。例如，paddingLeft 不能写成 padding − left. 另外，params 只能是 CSS 中用数值表示的属性，如 width. top. opacity 等。

像 backgroundColor 这样的属性不被 animate 支持。

【例 3 − 22 】 应用 animate( )方法自定义动画示例。

```
< ! DOCTYPE html >
< html >
  < head >
    < meta charset = " UTF − 8" >
    < ! −−引入 jQuery −− >
    < script type = " text/javascript"  src = " jquery − 3. 1. 1. min. js" > </script >
```

```
</head>
<body>
    <style>
            div {
                background-color：#FFFF00；
                height：40px；
                width：80px；
                border：1px solid #000000；
                margin-top：5px；
                padding：5px；
                text-align：center；
            }
    </style>
    <script type="text/javascript">
        $（function（）{
            $（"button"）.click（function（）{
                $（"#block"）.animate（{          //定义 animate（）方法
                    opacity："0.5"，
                    width："80%"，
                    height："100px"，
                    borderWidth："5px"，
                    fontSize："30px"，
                    marginTop："40px"，
                    marginLeft："20px"
                }，2000）；
            }）；
        }）；
    </script>
    <button id="go">Go>></button>
    <div id="block">动画！</div>
</body>
</html>
```

程序运行结果如图 3.22 所示。

图 3.22 应用 animate（）方法自定义动画

在 params 中，jQuery 还可以用"+="或者"-="来表示相对变化。

【例 3 - 23】 使用 animate( ) 中的相对移动应用示例。

```html
<! DOCTYPE html >
< html >
  < head >
    < meta charset = " UTF - 8" >
    < ! -- 引入 jQuery -- >
    < script type = " text/javascript"  src = " jquery - 3. 1. 1. min. js" > </script >
</head >
< body >
    < style >
        div {
                background - color：#FFFF00；
                height：40px；
                width：80px；
                border：1px solid #000000；
                margin - top：5px；
                padding：5px；
                text - align：center；
                position：absolute；
            }
    </style >
        < script type = " text/javascript" >
            $ (function( ) {
                $ ( " button：first" )  . click  (function( ) {
                    $ ( " #block" )  . animate  ( {
                        left：" -=80px"  //相对左移
                    }, 300 )；
                } )；
                $ ( " button：last" )  . click  (function( ) {
                    $ ( " #block" )  . animate  ( {
                        left：" +=80px"  //相对右移
                    }, 300 )；
                } )；
            } )；
        </script >
        < button  > Go > > </button >
        < button  > Go > > </button >
        < div id = " block" >动画！ </div >
</body >
```

```
</html >
```

先将 div 进行绝对定位,然后使用 animate( ) 中的 −= 和 += 分别实现相对左移和相对右移。程序运行结果如图 3.23 所示。

图 3.23　使用 **animate( )** 中的相对移动形式

animate( ) 方法还有另外一种形式,如下所示:

animate（params, options）;

其中,params 与第一种形式相同,options 为动画可选参数列表,主要包括 duration、esaing、callback、queue 等,其中 duration、easing、callback 与第一种形式完全一样,queue 为布尔值,表示当有多个 animate( ) 组成 jQuery 时,当前 animate( ) 紧接这下一个 animate( ),是按顺序执行（取 true 值时）还是同时触发（取 false 值时）。

【例 3 − 24】 animate( ) 方法另外一种形式应用示例。

```
< ! DOCTYPE html >
< html >
    < head >
        < meta charset = " UTF −8 " >
        < ! −−引入 jQuery −− >
        < script type = " text/javascript"  src = " jquery −3. 1. 1. min. js" > < /script >
    < /head >
< body >
        < style >
            div {
                        background −color: #FFFF22;
                        width: 100px;
                        text −align: center;
                        border: 2px solid #000000;
                        margin: 3px;
                        font −size: 13px;
                        font −family: Arial, Helvetica, sans −serif;
            }
            input {
                border: 1px solid #000033;
            }
        < /style >
```

```javascript
<script type="text/javascript">
$ (function() {
    $ ("input: eq (0)") . click (function() {
        //第一个 animate 与第二个 animate 同时执行，然后再执行第三个
        $ ("#block1") . animate ({
                width: "90%"
            }, {
                queue: false,
                duration: 1500
            })
                . animate ({
                    fontSize: "24px"
            }, 1000)
                . animate ({
                    borderRightWidth: "20px"
            }, 1000);
    });
    $ ("input: eq (1)") . click (function() {
        //依次执行三个 animate
        $ ("#block2") . animate ({
                width: "90%"
            }, 1500)
            . animate ({
                fontSize: "24px"
            }, 1000)
            . animate ({
        borderRightWidth: "20px"
            }, 1000);
    });
    $ ("input: eq (2)") . click (function() {
        $ ("input: eq (0)") . click();
        $ ("input: eq (1)") . click();
    });
    $ ("input: eq (3)") . click (function() {
        //恢复默认设置
        $ ("div") . css ({
            width: "",
            fontSize: "",
            borderWidth: ""
        });
```

```
                    });
                });
        </script>
        < input type = " button"  id = " go1"  value = " Block1 动画">
        < input type = " button"  id = " go2"  value = " Block2 动画">
        < input type = " button"  id = " go3"  value = " 同时动画">
        < input type = " button"  id = " go4"  value = " 重置">
        < div id = " block1"> Block1 </div >
< div id = " block2"> Block2 </div >
</body >
</html >
```

以上两个 div 块同时运用了 3 个动画效果，其中第一个 div 块的第一个动画添加了 queue：false 参数，使得前两项两个动画同时执行。可以通过重置反复测试，熟悉 animate( ) 第二种形式。程序运行结果如图 3.24 所示。

图 3.24　animate( ) 方法另外一种形式的应用示例

3.6.2 jQuery 实现加入购物车飞入动画效果

在电子商务购物网站浏览中意的商品时，点击页面中的"加入购物车"按钮，即可将商品加入购物车中。本节介绍借助一款基于 jQuery 的动画插件 jquery. fly. min. js，点击加入购物车按钮时，实现商品飞入右侧的购物车中的效果。

可以到 fly 插件项目的官方网站下载 fly 插件，其网址为 https：// github. com/amibug/fly。

【例 3 - 25】　设计一个将所选择商品飞入购物车的动画效果程序。

① HTML 文件布置页面布局

● 载入 jQuery 库文件和 jquery. fly. min. js 插件。

< script src = " jquery. js"> </script >

< script src = " jquery. fly. min. js"> </script >

● 将商品信息 html 结构布置好，本例中用 4 个商品并排布置，每个商品 box 中包括有商品图片、价格、名称，以及加入购物车按钮等信息。

< div class = " box">

　< img src = " images/lg. jpg" width = " 180" height = " 180">

　< h4 > ¥ < span > 3499. 00 </span > </h4 >

```
< p > LG 49LF5400 - CA 49 寸 IPS 硬屏富贵招财铜钱设计 </ p >
    < a href = " #" class = " button orange addcar"> 加入购物车 </ a >
</ div >
< div class = " box" >
        < img src = " images/hs. jpg" width = "180" height = "180" >
        < h4 > ¥ < span > 3799. 00 </ span > </ h4 >
        < p > Hisense/海信 LED50T1A 海信电视官方旗舰店 </ p >
        < a href = " #" class = " button orange addcar"> 加入购物车 </ a >
</ div >
< div class = " box" >
        < img src = " images/cw. jpg" width = "180" height = "180" >
        < h4 > ¥ < span > ¥3999. 00 </ span > </ h4 >
        < p > Skyworth/创维 50E8EUS 8 核 4Kj 极清酷开系统智能液晶电视 </ p >
        < a href = " #" class = " button orange addcar"> 加入购物车 </ a >
</ div >
< div class = " box" >
        < img src = " images/ls. jpg" width = "180" height = "180" >
        < h4 > ¥ < span > 6969. 00 </ span > </ h4 >
        < p > 乐视 TV Letv X60S 4 核 1080P 高清 3D 安卓智能超级电视 </ p >
        < a href = " #" class = " button orange addcar"> 加入购物车 </ a >
</ div >
```

● 还需要在页面的右侧加上购物车以及提示信息。

```
< div class = " m - sidebar" >
    < div class = " cart" >
            < i id = " end" > </ i >
            < span > 购物车 </ span >
    </ div >
</ div >
< div id = " msg" > 已成功加入购物车！ </ div >
```

②CSS 提供美化页面效果的样式：

使用 CSS 先将商品排列美化，然后设置右侧购物车样式，具体请看以下代码。

```
. box {float: left; width: 198px; height: 320px; margin - left: 5px; border: 1px solid #e0e0e0; text - align: center}
    . box p {line - height: 20px; padding: 4px 4px 10px 4px; text - align: left}
    . box: hover {border: 1px solid #f90}
    . box h4 {line - height: 32px; font - size: 14px; color: #f30; font - weight: 500}
    . box h4 span {font - size: 20px}
    . u - flyer {display: block; width: 50px; height: 50px; border - radius: 50px; position: fixed; z - index: 9999;}
    . m - sidebar {position: fixed; top: 0; right: 0; background: #000; z - index: 2000; width: 35px;
```

height：100%；font‐size：12px；color：#fff；}

    . cart {color：#fff；text‐align：center；line‐height：20px；padding：200px 0 0 0px；}

    . cart span {display：block；width：20px；margin：0 auto；}

    . cart i {width：35px；height：35px；display：block；background：url（car. png）no‐repeat；}

    #msg {position：fixed；top：300px；right：35px；z‐index：10000；width：1px；height：52px；line‐height：52px；font‐size：20px；text‐align：center；color：#fff；background：#360；display：none}

　③jQuery 实现控制。要实现的效果是，当用户点击"加入购物车"按钮时，当前商品图片会变成一个缩小的圆球，以按钮为起点，向右侧以抛物线的形式飞出，最后落入页面右侧的购物车里，并提示操作成功。在飞出之前，要获取当前商品的图片，然后调用 fly 插件，之后的抛物线轨迹都是由 fly 插件完成，只需要定义起点和终点等参数即可。

```
< script >
    $ （function（）{
        var offset = $ （"#end"）. offset（）;
        $ （". addcar"）. click （function （event）{
            var addcar = $ （this）;
            var img = addcar. parent（）. find （'img'）. attr （'src'）;
            var flyer = $ （'< img class = " u‐flyer" src = " ' + img + '" > '）;
            flyer. fly（{
              start：{
                left：event. pageX,     //开始位置  #fly 元素会被设置成 position：fixed
                top：event. pageY     //开始位置 （必填）
              },
                end：{
                  left：offset. left + 10,       //结束位置 （必填）
                  top：offset. top + 10,       //结束位置 （必填）
                  width：0,             //结束时宽度
                  height：0             //结束时高度
                },
            onEnd：function（）{            //结束回调
            $ （" #msg"）. show（）. animate （ {width：'250px'}, 200）. fadeOut （1000）;
                                               //提示信息
            addcar. css（" cursor"," default"）. removeClass （'orange'）. unbind （'click'）;
                this. destory（）;                    //移除 dom
              }
            }）;
        }）;
    }）;
</ script >
```

④购物车完整程序如下：

<! DOCTYPE html >

```html
< html >
  < head >
    < meta charset = " UTF − 8 " >
    < ! −− 引入 jQuery −− >
    < script type = " text/javascript " src = " jquery − 3. 1. 1. min. js " > < /script >
    < script type = " text/javascript " src = " jquery. fly. min. js " > < /script >
< style type = " text/css " >
    . box ｛float：left; width：198px; height：320px; margin − left：5px;
        border：1px solid #e0e0e0; text − align：center｝
    . box p ｛line − height：20px; padding：4px 4px 10px 4px; text − align：left｝
    . box：hover ｛border：1px solid #f90｝
    . box h4 ｛line − height：32px; font − size：14px; color：#f30; font − weight：500｝
    . box h4 span ｛font − size：20px｝
    . u − flyer ｛display：block; width：50px; height：50px;
            border − radius：50px; position：fixed; z − index：9999;｝
    . m − sidebar ｛position：fixed; top：0; right：0; background：#000;
            z − index：2000; width：35px; height：100%; font − size：12px; color：#fff;｝
    . cart ｛color：#fff; text − align：center; line − height：20px;
        padding：200px 0 0 0px;｝
    . cart span ｛display：block; width：20px; margin：0 auto;｝
    . cart i ｛width：35px; height：35px; display：block;
            background：url（car. png）no − repeat;｝
    #msg ｛position：fixed; top：300px; right：35px; z − index：10000; width：1px;
        height：52px; line − height：52px; font − size：20px; text − align：center;
        color：#fff; background：#360; display：none｝
< /style >
< script >
  $ （function（）｛
    var offset = $ （" #end" ）. offset（）;
    $ （". addcar" ）. click （function （event）｛
        var addcar = $ （this）;
        var img = addcar. parent（）. find （'img'）. attr （'src'）;
        var flyer = $ （'< img class = " u − flyer" src = " + img + " ' > '）;
        flyer. fly （｛
          start：｛
            left：event. pageX,       //开始位置 #fly 元素会被设置成 position：fixed
            top：event. pageY          //开始位置（必填）
          ｝,
          end：｛
            left：offset. left + 10,    //结束位置（必填）
```

```
                top：offset. top + 10,          //结束位置（必填）
                width：0,                        //结束时宽度
                height：0                        //结束时高度
            },
    onEnd：function ( ) {                        //结束回调
    $ ( " #msg" ) . show ( ) . animate （ {width：'250px'} , 200 ) . fadeOut （ 1000 ） ;          //提示信息
    addcar. css ( " cursor" , " default" ) . removeClass （'orange'） . unbind （'click'） ;
    this. destory ( ) ;                          //移除 dom
    }
} ) ;
} ) ;
} ) ;
</script >
</head >
< body >
< div class = " box" >
        < img src = " lg. jpg"  width = " 150"  height = " 150" >
        < h4 > ¥ < span >3499. 00 </span > </h4 >
        < p >LG 49LF5400 – CA 49 寸 IPS 硬屏富贵招财铜钱设计 </p >
        < a href = " #"  class = " button orange addcar">加入购物车 </a >
</ div >
< div class = " box" >
        < img src = " hs. jpg"  width = " 150"  height = " 150" >
        < h4 > ¥ < span >3799. 00 </span > </h4 >
        < p >Hisense/海信 LED50T1A 海信电视官方旗舰店 </p >
        < a href = " #"  class = " button orange addcar">加入购物车 </a >
</ div >
< div class = " box" >
        < img src = " cw. jpg"  width = " 150"  height = " 150" >
        < h4 > ¥ < span > ¥3999. 00 </span > </h4 >
        < p >Skyworth/创维 50E8EUS 8 核 4Kj 极清智能液晶电视 </p >
        < a href = " #"  class = " button orange addcar">加入购物车 </a > < div > </div >
</ div >
< div class = " m – sidebar" >
        < div class = " cart" >
            < i id = " end" > </i >
            < span >购物车 </span >
</ div >
</ div >
< div id = " msg" >已成功加入购物车！ </div >
```

```
</body >
</htmi >
```

程序运行结果如图 3.25 所示。

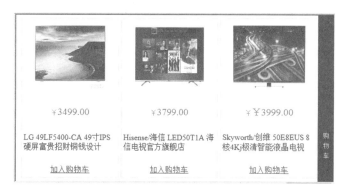

图 3.25　飞入动画效果的购物车

 习题

1. 使用 jQuery 选择器及函数，设计 2 个不同颜色的色块，并在这 2 个色块中通过函数设置几行文字。

2. 设有一个颜色块，做一个改变颜色的功能插件，当点击颜色块时，则颜色发生改变。

3. 自定义一个 js 插件，使得两张图片能互相跳转。

第 4 章 jQuery Mobile 基础

jQuery Mobile 是一个用来构建跨平台移动 Web 应用程序的轻量级开源 UI 框架，具有简单、高效的特点。它能够让没有美工基础的开发者在很短的时间内完成非常完美的界面设计。本章将介绍 jQuery Mobile 的基本知识。

4.1 jQuery Mobile 及程序结构

4.1.1 jQuery Mobile 简介及下载

1. jQuery Mobile 简介

jQuery Mobile 是 jQuery 应用在手机上和平板设备上的一个版本。使用它，可以很方便地编写手机版的 JavaScript 应用程序。

2. 下载 jQuery Mobile

下载 jQuery Mobile 最新版的官方网站为 http：//jquerymobile. com/download/下载 jQuery Mobile 核心类库时，要将同版本的 CSS 一并下载，如图 4.1所示。

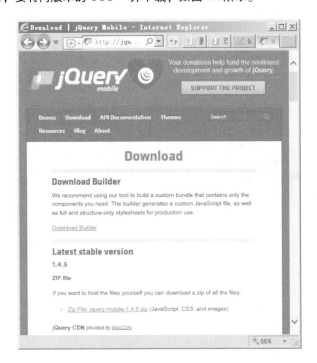

图4.1 jQuery Mobile 官方网站

4.1.2 jQuery Mobile 程序基本结构

1. 一个简单的 jQuery Mobile 程序

【例 4 - 1】　简单的 JQuery Mobile 示例。

```
<! DOCTYPE html >
<html>
<head>
    <meta charset = "utf - 8" / >
    <meta name = "viewport"
        content = "width = device - width, initial - scale = 1" / >
    <link rel = "stylesheet" href = "jq/jquery. mobile - 1. 6. 2. css" / >
    <script src = "jq/jquery. js"> </script>
    <script src = "jq/jquery. mobile - 1. 6. 2. js"> </script>
</head>
<body>

    <div id = "first" data - role = "page">

        <div data - role = "header">
            <h1> 标题栏 </h1>
        </div>
        <div data - role = "content">
            <p> 内容栏 </p>
            <img src = "img/a. jpg">
        </div>
        <div data - role = "footer">
            <h4> 页脚栏 </h4>
        </div>
    </div>
</body>
</html>
```

指定编码和自适应屏幕

引用库

设置 <div> 的 page 属性值，表示页面

设置 <div> 的 header 属性值

设置 <div> 的 content 属性值

设置 <div> 的 footer 属性值

程序运行结果如图 4.2 所示。

注意：要把使用到的相关文件复制到相关文件夹中。

● jq 文件夹要复制到 www 文件夹下，jq 文件夹中要有 jquery. mobile - 1. 6. 2. css、jquery. js、jquery. mobile - 1. 6. 2. js 等文件。

● 图片 a. jpg 文件要复制到 img 文件夹下。

● 引用 js 时，一定要先写引用 jQuery 的语句，然后再引用 jQuery Mobile，否则会出错。因为 jQuery Mobile 依赖 jQuery。

图 4.2 第一个 **JQuery Mobile** 示例

2. jQuery Mobile 程序的基本结构

从例 4 - 1 的程序代码可以看到，一个 jQuery Mobile 程序的基本结构为：

● 首先需要在 html 页面的 head 区域中用 < meta > 标签指定编码和屏幕的自适应。

< meta charset = " UTF - 8" >

< meta name = " viewport" content = " width = device - width，initial - scale = 1" / >

viewport 属性为指定显示页面的缩放等级和尺寸，其中属性值 width = device - width 是移动设备的屏幕宽度，属性值 initial - scale = 1 表示代码中 1 个显示单位（即 1 个点）等于 1 个目标的屏幕像素。

● 需要在 html 页面的 head 标签中包含如下三项内容。

CSS 文件：jquery. mobile - 1. 4. 5. min. css。

Query 类库文件：jquery - 1. 11. 1. min. js。

jQuery Mobile 文件：jquery. mobile - 1. 4. 5. min. js。

引用 js 库时，由于 jQuery Mobile 依赖 jQuery 库，一定要先写引用 jQuery 的语句，然后再引用 jQuery Mobile，否则可能会发生错误。

● 在 body 标签中填写 3 个区域的基本内容：

< div data - role = " page" >

    < div data - role = " header" > 标题栏 < /div >

    < div data - role = " content" > 页面内容 < /div >

    < div data - role = " footer" > 页脚栏 < /div >

< /div >

在上面 3 个区域中，content 是页面的必需元素，header 和 footer 是可选元素。

页面中的内容都是包装在 div 标签中并在标签中加入 data - role = " page" 属性。这样，jQuery Mobile 就会知道哪些内容需要处理。

3. jQuery Mobile 的 data – role 属性值

在例 4 –1 程序的代码中多次使用了 data – role 属性，下面介绍 jQuery Mobile 的 data – role 属性值。

data – role 属性值有很多，如表 4.1 所示。在后面的章节中将详细介绍这些属性值的应用方法。

表 4. 1　data – role 属性值

属 性 值	属 性 说 明
page	标签内容格式，其内部的 mobile 元素将会继承这个容器上所设置的属性
header	页面标题区域，这个容器内部可以包含文字、返回按钮、功能按钮等元素
content	页面内容区域，这是一个很宽容的容器，内部可以包含标准的 html 元素和 jQueryMobile 元素
footer	页面页脚区域，在这个容器内部可以创建导航栏。这个区域如果加上属性值 data – position = " fixed"，则可以让页脚栏永远显示在屏幕底部
button	按钮，将链接及普通按钮的样式设置成为 jQuery Mobile 的独有风格
navbar	导航工具栏
listview	列表组件
dialog	对话框
slide	滑动条
collapsible	创建查折叠内容
Collapsible – set	创建手风琴菜单
fieldcontain	表单字段容器

4.2　按钮与多页面结构

4.2.1 页面中的按钮

1. 标题栏中的按钮

在 jQuery Mobile 的标题栏中如果使用 < a > 标签的超链接，则会将其渲染成一个按钮。在标题栏中设置按钮时，通常不超过 2 个按钮，在标题栏的左端和右端各放置一个按钮，如图 4.3 所示。

图 4.3　标题栏中的按钮

【例 4 - 2】 标题栏中的按钮示例。

```html
<！DOCTYPE html >
< html lang = " en" >
  < head >
    < meta charset = " UTF - 8" >
    < link rel = " stylesheet"  href = " jq/jquery. mobile - 1. 4. 2. css" / >
    < script   src = " jq/jquery. js" > </ script >
    < script   src = " jq/jquery. mobile - 1. 4. 2. js" > </ script >
  </ head >
  < body >
    < div data - role = " page" >
      < div data - role = " header" >
        < a href = " #" > 返回  </ a >            在标题栏中显示为按钮
        < h1 > 标题栏 </ h1 >
        < a href = " #" >设置  </ a >            在标题栏中显示为按钮
      </ div >
      < div data - role = " content" >
        < h1 > 内容栏 </ h1 >
        < a href = " #" > 跳转到搜索页面  </ a >
      </ div >
      < div data - role = " footer" >
        < h1 > 页脚栏 </ h1 >
      </ div >
    </ div >
  </ body >
</ html >
```

在程序运行时，标题栏中的 < a > 被渲染成了按钮，而内容栏中的 < a > 仍然是以普通超链接的形式显示，如图 4.4 所示。

图 4.4　标题栏中的 < a > 被渲染成按钮

2．内容栏中的按钮

在内容栏的 < a > 标签中，添加 data – role = " button" 的属性值，这时，也会渲染成按钮。

< div data – role = " content" >

　　< h1 > 内容栏 < /h1 >

　　< a href = " #"　data – role = " button" > 跳转到搜索页面 < /a >

< /div >

添加属性后程序运行结果如图 4.5 所示。

图 4.5　内容栏中的 < a > 添加 data – role = "button"属性值后被渲染成按钮

【例 4 – 3 】　内容栏中的按钮应用示例。

```
< ! DOCTYPE html >
< html lang = " en" >
  < head >
   < meta charset = " UTF – 8" >
   < link rel = " stylesheet"  href = " jq/jquery. mobile – 1. 4. 2. css" / >
   < script  src = " jq/jquery. js" > < /script >
   < script  src = " jq/jquery. mobile – 1. 4. 2. js" > < /script >
  < /head >
< body >
   < div data – role = " page" >
      < div data – role = " header" >
        < a href = " #" > 返回 < /a >
        < h1 > 标题栏 < /h1 >
        < a href = " #" > 设置 < /a >
      < /div >
      < div data – role = " content" >
        < h1 > 内容栏 < /h1 >
        < a href = " a1. html" data – role = " button" > 跳转 1 < /a >
        < a href = " a2. html" data – role = " button" > 跳转 2 < /a >
        < a href = " #"  data – role = " button" > 跳转 3 < /a >
        < a href = " #"  data – role = " button" > 跳转 4 < /a >
      < /div >
```

定义按钮

```
        < div data – role = " footer" >
            < h1 > 页脚栏 </ h1 >
        </ div >
    </ div >
</ body >
</ html >
```

程序运行结果如图 4.6 所示。

图 4.6　内容栏中的按钮

3. 页脚栏的导航按钮

如果要在页脚栏中设置导航按钮，则需要进行如下设置：

（1）使用导航属性

```
< div data – role = " navbar" >
```

（2）再使用列表

```
< ul >
    < li > < a href = " #" > … </ a > </ li >
    < li > < a href = " #" > … </ a > </ li >
    < li > < a href = " #" > … </ a > </ li >
</ ul >
```

【例 4 – 4】 在页脚栏使用导航及按钮。

```
< ! DOCTYPE html >
< html lang = " en" >
  < head >
    < meta charset = " UTF – 8" >
    < link rel = " stylesheet"  href = " jq/jquery. mobile – 1. 4. 2. css" / >
    < script   src = " jq/jquery. js" > </ script >
    < script   src = " jq/jquery. mobile – 1. 4. 2. js" > </ script >
  </ head >
```

```
< body >
    < div data – role = " page" >
        < div data – role = " header" >
            < a href = " #" > 返回 </a >
            < h1 > 标题栏 </h1 >
            < a href = " #" > 设置 </a >
        </div >
        < div data – role = " content" >
            < h1 > 内容栏 </h1 >
            < a href = " a1. html"  data – role = " button" > 跳转 1 </a >
            < a href = " a2. html"  data – role = " button" > 跳转 2 </a >
            < a href = " #"  data – role = " button" > 跳转 3 </a >
            < a href = " #"  data – role = " button" > 跳转 4 </a >
        </ div >
        < div data – role = " footer" >
            < div data – role = " navbar" >
                < ul >
                    < li > < a href = " #" > 主页 </a > </li >
                    < li > < a href = " #" > 新闻 </a > </li >        设置导航栏
                    < li > < a href = " #" > 通知 </a > </li >
                    < li > < a href = " #" > 关于 </a > </li >
                </ul >
            </ div >
        </ div >
    </ div >
</ body >
</html >
```

程序运行结果如图 4.7 所示。

图 4.7　页脚栏中的导航按钮

4.2.2 按钮的图标

jQuery Mobile 按钮可以加上默认的图标，如图 4.8 所示。

＜a href＝"#" data–role＝"button" data–icon＝"plus" data–iconpos＝"top"＞新增＜/a＞，其显示结果如图 4.8 所示。

图 4.8　jQuery Mobile 按钮的图标

jQuery Mobile 按钮 data–icon 属性值对应的图标如表 4.2 所示。

表 4.2　按钮 data–icon 属性值对应的图标

data–icon 属性值	图 标 说 明	data–icon 属性值	图 标 说 明
arrow–l	左箭头	arrow–r	右箭头
arrow–u	向上箭头	arrow–d	向下箭头
plus	加号	minus	减号
delete	删除	check	检查
gear	齿轮	refresh	刷新
forward	向前	back	向后
grid	网格	star	星形
alert	警告	info	信息
home	主页	search	查询

jQuery Mobile 按钮可以通过 data–iconpos 属性设置图标在按钮中的位置，也可以通过 CSS 类方式定义图标在按钮中的位置，其设置如表 4.3 所示。

表 4.3　按钮 data–iconpos 属性或 CSS 类所设量的位置

data–iconpos 属性值	CSS 类	图标的位置
left	ui–btn–icon–left	图标在左侧（默认）
top	ui–btn–icon–top	图标在上方
right	ui–btn–icon–right	图标在右侧
botton	ui–btn–icon–botton	图标在下方
notext	ui–btn–icon–notext	无文字的图标

【例 4–5】 按钮图标示例。

＜！DOCTYPE html＞

＜html＞

```
< head >
    < meta charset = " UTF − 8" >
    < meta name = " viewport"  content = " width = device − width, initial − scale = 1" / >
    < link   rel = " stylesheet"  href = " . . \jq\jquery. mobile − 1. 4. 5. min. css" >
    < script src = " . . \jq\jquery − 1. 7. 1. min. js" > < /script >
    < script src = " . . \jq\jquery. mobile − 1. 4. 5. min. js" > < /script > < /head >
< /head >
< body >
    < div data − role = " page" >
        < div data − role = " content" >
            < a href = " #"  data − role = " button"  data − icon = " plus" >新增 < /a >
        < /div >
        < div data − role = " footer" >
            < div data − role = " navbar" >
                < ul >
                    < li > < a href = " #"  data − icon = " home" > 主页 < /a > < /li >
                    < li > < a href = " #"  data − icon = " grid" > 新闻 < /a > < /li >      定义按钮图标
                    < li > < a href = " #"  data − icon = " info" > 通知 < /a > < /li >
                    < li > < a href = " #"  data − icon = " gear" > 关于 < /a > < /li >
                < /ul >
            < /div >
        < /div >
    < /div >
 < /body >
< /html >
```

程序运行结果如图 4.9 所示。

图 4.9　按钮图标示例

4.2.3 多页面结构

在 jQuery Mobile 中，同一个 jQuery Mobile 程序可以创建多个页面，使用 id 属性为页面命名，如图 4.10 所示。

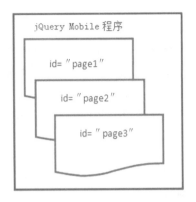

图 4.10 jQuery Mobile 的多页面结构

【例 4 - 6】 一个文档的多页面结构示例。

```
<! DOCTYPE html >
< html >
  < head >
    < meta charset = " UTF - 8" >
    < link rel = " stylesheet"  href = " jq/jquery. mobile - 1. 4. 2. css" / >
    < script src = " jq/jquery. js" > </ script >
    < script src = " jq/jquery. mobile - 1. 4. 2. js" > </ script >
  </ head >
  < body >
      < div data - role = " page"    id = " page_1" >
        < h1 > 第一页面 </ h1 >
        < p > < a href = " #page_2"  data - role = " button" > 转第二页面 </ a > </ p >
      </ div >
      < div data - role = " page" id = " page_2" >
        < h1 > 第二页面 </ h1 >
        < p > < a href = " #page_3"  data - role = " button" > 转第三页面 </ a > </ p >
      </ div >
      < div data - role = " page"    id = " page_3" >
        < h1 > 第三页面 </ h1 >
        < p > < a href = " #page_1"  data - role = " button" > 转第一页面 </ a > </ p >
      </ div >
  </ body >
</ html >
```

定义第一页面

定义第二页面

定义第三页面

在程序中，设置了 3 个页面，其 id 分别为 id = " page_1"、id = " page_2" 和 id = " page_3"。
程序运行结果如图 4.11 所示。

图 4.11　多页面跳转

4.3 对话框

4.3.1 页面对话框

jQuery Mobile 也有自己的对话框，但 jQuery Mobile 的对话框实质上就是一个页面，只是显示的外观像是一个对话框。

要将页面显示为一个对话框，只需在打开页面的超链接加上属性 data – rel = "dialog"。另一种创建对话框的方式是设置页面的属性 data – role = "dialog"。

【例 4 – 7】　页面对话框示例。

```
< ! DOCTYPE html >
< html >
< head >
    < meta charset = " UTF – 8" >
    < meta name = " viewport"  content = " width = device – width，initial – scale = 1" / >
    < link   rel = " stylesheet"  href = " . . \jq\jquery. mobile. min. css" >
    < script src = " . . \jq\jquery – 1. 7. 1. min. js" > </script >
    < script src = " . . \jq\jquery. mobile. min. js" > </script >
</head >
< body >
  < div data – role = " page" >
    < div data – role = " header" >
        <h1 >对话框应用示例 </h1 >
    </div >
    < div data – role = " content"  class = " ui – content" >
        < a href = " #myDialog"  data – rel = " dialog"  >打开对话框 </a >
    </div >
    < div data – role = " footer" >
        <h1 >页脚文本 </h1 >
    </div >
  </div >
```

标准页面

```
                < div data – role = " dialog"  id = " myDialog" >
                    < div data – role = " header" >
                        < h1 > 对话框头部文本 < /h1 >
                    < /div >
                    < div data – role = " content"  class = " ui – content" >
                        < h2 > 欢迎访问对话框！ < /h2 >
                        < p > jQuery Mobile 非常有意思！ < /p >
                        < a href = " #"    data – rel = " back"> 返回 < /a >
                    < /div >
                    < div data – role = " footer" >
                        < h1 > 对话框底部文本 < /h1 >
                    < /div >
                < /div >
```

创建对话框

```
        < /body >
        < /html >
```

在本例中，设置了一个标准页面和一个对话框页面，对话框页面的 id 为 myDialog。在标准页面的 a 标签超链接加上 data – rel = " dialog"，指定打开 id 为 myDialog 的对话框页面。程序运行结果如图 4.12 所示。

图 4.12　对话框应用示例

4.3.2 弹窗对话框

弹窗对话框是一个非常流行的对话框形式，可用于显示一段文本、图片、地图或其他内容。

创建一个弹窗对话框，需要使用 < a > 标签和 < div > 标签。在 < a > 标签中添加属性 data – rel = " popup"，在 < div > 标签添加属性 data – role = " popup"。接着为 < div > 指定 id，并设置 < a > 的超链接 href 值为 < div > 指定的 id。 < div > 中的内容为弹窗对话框显示的内容。

【例 4 - 8 】 弹窗对话框示例。

```
< ! DOCTYPE html >
< html >
< head >
    < meta charset = " UTF - 8" >
    < meta name = " viewport"  content = " width = device - width，initial - scale = 1" / >
    < link   rel = " stylesheet"  href = " .. \jq\jquery. mobile. min. css" >
    < script src = " .. \jq\jquery - 1. 7. 1. min. js" > </script >
    < script src = " .. \jq\jquery. mobile. min. js" > </script >
</head >
< body >
  < div data - role = " page" >
    < div data - role = " header" >
       < h1 > 对话框弹窗应用示例 </h1 >
    </div >
    < div data - role = " content"  class = " ui - content" >
       < a href = " #myPopupDialog"  data - rel = " popup"  > 打开对话框弹窗 </a >
    </div >
    < div data - role = " footer" >
       < h1 > 页脚文本 </h1 >
    </div >
      < div data - role = " popup"  id = " myPopupDialog" >
       < div data - role = " header" >
          < h1 > 弹窗头部文本 </h1 >
       </div >
       < div data - role = " content"  class = " ui - content" >
          < h2 > 欢迎访问弹窗对话框！ </h2 >
          < p > jQuery Mobile 非常有意思！ </p >
          < a href = " #"  data - rel = " back" > 返回 </a >
       </div >
       < div data - role = " footer" >
          < h1 > 弹窗底部文本 </h1 >
       </div >
      </div >
  </div >
</body >
</html >
```

页面

弹窗
对话框

程序运行结果如图 4.13 所示。

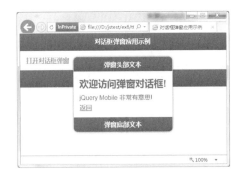

图 4.13　弹窗对话框

4.4　jQuery Mobile 的表单元素

前面所介绍的按钮等控件都是负责应用中的响应功能，而数据的交互则需要通过表单的提交来实现。

4.4.1 用户登录界面设计

移动版的 QQ 登录界面是用户登录界面布局设计的一个良好示例，因为它结构简单且美观大气，如图 4.14 所示。

图 4.14　仿 QQ 用户登录界面

【例 4 - 9】 设计如图 4.14 所示的仿 QQ 用户登录界面。

在使用表单元素之前，首先需要在页面中加入一个表单标签：

```
< form action = " # "  method = " post" >
...
</form >
```

这样，标签内的控件都会被 jQuery Mobile 默认为表单元素。< form > 标签中的 action 属性为指向接收提交数据的地址，当表单提交时，数据就会发送到这个地址。

程序代码如下：

```
< ! DOCTYPE html >
< html >
< head >
    < meta charset = " UTF – 8">
    < meta name = " viewport"  content = " width = device – width，initial – scale = 1" / >
    < link   rel = " stylesheet"  href = ". . \jq\jquery. mobile. min. css">
    < script src = ". . \jq\jquery – 1. 7. 1. min. js"> </script >
    < script src = ". . \jq\jquery. mobile. min. js"> </script >
< script >
    function but_ click( ) {
    var temp1 = $ ( "#zhanghao" ) . val( ) ;        ———— 获取 id = "zhanghao"的输入框中的数据
    if ( temp1 == " 账号:" ) {
        alert( " 请输入 QQ 号码!" )
    }
    else {
        var zhanghao = temp1. substring  (3，temp1. length) ;
        var temp2 = $ ( "#mima" ) . val( ) ;        ———— 获取 id = "mima "的
                                                         输入框中的数据
        if ( temp2 == " 密码:" ) {
            alert( " 请输入密码!" ) ;
        }
        else {
            var mima = temp2. substring  (3，temp2. length) ;
            alert( " 提交成功" + " 你的 QQ 号码为" + zhanghao + " 你的 QQ 密码为" + mima) ;
        }
    }
}
</ script >
</ head >
< body >
    < div data – role = " page">
        < div data – role = " content">
            < img src = " http://img. itful. com/uploads/allimg/091209/0012204349 – 0. png"
                    style = " width:50% ; margin – left:25% ;" / >
        < form action = " #"  method = " post">
            < input type = " text"  name = " zhanghao"  id = " zhanghao"  value = " 账号:" / >
            < input type = " text"  name = " mima"  id = " mima"  value = " 密码:" / >
            < a href = " #"  data – role = " button"  data – theme = " b"  id = " login"
                onclick = " but_click( ) ;"  > 登录 </a >
```

```
      </form >
    </div >
  </div >
</body >
</html >
```

4.4.2 表单的输入元素

jQuery Mobile 提供了表单输入元素编辑框很多的 type 属性值，如表 4.4 所示。

其语法的基本结构如下：

```
< input type = " value" >
```

表 4.4 JQuery Mobile 输入元素编辑框的 type 属性值

属　　　性	说　　　明
type = " search"	在编辑框的左侧显示带有搜索图标的按钮
type = " number"	该编辑框输入的内容为数字
type = " date"	该编辑框输入的内容为日期
type = " month"	该编辑框输入的内容为月份
type = " week"	该编辑框输入的内容为周一至周日中的某一天
type = " time"	该编辑框输入的内容为时间
type = " datetime"	该编辑框输入的内容为日期 + 时间
type = " tel"	该编辑框输入的内容为电话号码
type = " email"	该编辑框输入的内容为邮件地址
type = " url"	该编辑框输入的内容为网址
type = " password"	该编辑框中输入的文字内容以掩码圆点显示
type = " file"	该编辑框可以通过单击来选取设备中的文件

【例 4 - 10 】 编写一个手机调查问卷程序。

```
< ! DOCTYPE html >
< html >
< head >
  < meta charset = " UTF -8" >
  < meta name = " viewport"  content = " width = device - width，initial - scale = 1" / >
  < link rel = " stylesheet"  href = " . . \jq\jquery. mobile. min. css" >
  < script src = " . . \jq\jquery -1. 7. 1. min. js" > </ script >
  < script src = " . . \jq\jquery. mobile. min. js" > </ script >
</ head >
< body >
  < div data - role = " page" >
    < div data - role = " header" >
```

```
        <h1>调查问卷</h1><!--先加上一个头部栏和标题-->
    </div>
    <div data-role="content">
    <form action="#" method="post">
        <!-- placeholder 属性的内容会在编辑框内以灰色显示 -->
        <input type="text" name="name" id="name" placeholder="请输入你的姓名:"/>
        <!-- 当 data-clear-btn 的值为 true 时，当该编辑框被选中 -->
        <!-- 可以单击右侧的按钮将其中的内容清空 -->
        <input type="tel" name="dianhua" id="dianhua" data-clear-btn="true"
            placeholder="请输入你的电话号码:">
        <label for="adjust">需要查找什么？</label>
        <input type="search"/>
        <label for="adjust">请问您对本店有何意见？</label>
        <!--这里用到了 textarea 而不是 input-->
        <textarea name="adjust" id="adjust"></textarea>
        <!--通过 for 属性与 textarea 进行绑定-->
        <label for="where">请问您是在哪里得到本店信息的？</label>
        <!-- 使用 label 时要使用 for 属性指向其对应控件的 id -->
        <textarea name="where" id="where"></textarea>
        <a href="#" data-role="button">提交</a>
    </form>
    </div>
    </div>
</body>
</html>
```

程序运行结果如图 4.15 所示。

图 4.15　手机问卷调查

4.4.3 表单中滑块的控制设计

在 jQuery Mobile 的表单中，使用 < input type = " range" > 属性，则显示为滑块（也称为进度条）。可以设置滑块的最大值和最小值等属性，其属性值如下：

- max：规定允许的最大值。
- min：规定允许的最小值。
- step：规定合法的数字间隔。
- value：规定默认值。

【例 4 – 11】 编写一个带有进度条控制的音乐播放器程序。

```
<! DOCTYPE html >
< html >
< head >
    < meta charset = " UTF – 8">
    < meta name = " viewport"  content = " width = device – width, initial – scale = 1" / >
    < link  rel = " stylesheet"  href = ".. \jq\jquery. mobile. min. css">
    < script src = ".. \jq\jquery – 1. 7. 1. min. js" > </ script >
    < script src = ".. \jq\jquery. mobile. min. js" > </ script >
</ head >
< body >
    < div data – role = " page"  data – theme = " a">
        < div data – role = " header">
            < a href = " #" >返回 </ a >
            <h1 >音乐播放器 </h1 >
        </ div >
        < div data – role = " content">
            < div data – role = " controlgroup">
                < a href = " #"  data – role = " button">歌曲信息 </a >
                < a href = " #"  data – role = " button" >
                    < img src = " gx. jpg"  style = " width:80% ;" / >
                </ a >
                < a href = " #"  data – role = " button">歌手信息 </a >
                < a href = " #"  data – role = " button">播放音效 </a >
            </ div >
            < form >
                < input type = " range"   name = " rate"  id = " rate"
                    min = "0"  max = "100" value = "50"   >    }定义滑块
            </ form >
            < div data – role = " controlgroup"  data – type = " horizontal">
                < a href = " #"  data – role = " button">后退 </a >
```

```
            < a href = "#"  data - role = "button">播放 </a>
            < a href = "#"  data - role = "button">暂停 </a>
            < a href = "#"  data - role = "button">后退 </a>
        </div>
</div>
< div data - role = "footer">
        <h1>暂无歌词 </h1>
            </div>
        </div>
</body>
</html>
```

程序运行结果如图 4.16 所示。

图 4.16　进度条控制

4.4.4 表单的切换开关设计

手机界面设计中的切换开关常用于开/关或对/错按钮。在 jQuery Mobile 的表单中如需创建切换开关，则需要在表单中将 < select > 元素的 data - role 属性设置为 slider，即 data - role = " slider"，并将下拉列表元素下的两个 < option > 选项样式显示为一个表示不同状态的翻转切换开关。例如以下代码：

```
< form method = " post"  action = " demoform. asp">
  < div data - role = " fieldcontain">
    < label for = " switch">Toggle Switch：</label>
```

```
< select name = " switch"  id = " switch"  data - role = " slider" >
    < option value = " on" > On < /option >
    < option value = " off" > Off < /option >
  < /select >
 < /div >
< /form >
```

则可显示 `Off ⬤` 的切换开关样式。

【例 4 - 12】 编写一个切换开关控制灯泡亮灭的程序。

```
< ! DOCTYPE html >
< html >
< head >
  < meta charset = " UTF - 8">
  < meta name = " viewport"  content = " width = device - width，initial - scale = 1" / >
  < link   rel = " stylesheet"  href = " .. \jq\jquery. mobile. min. css">
  < script src = " .. \jq\jquery - 1. 7. 1. min. js"> < /script >
  < script src = " .. \jq\jquery. mobile. min. js"> < /script >
  < script >
    $ （document） . ready （function（ ）{
       setInterval （function（ ）{
         var myswitch = $ （" select"）;
         var i = myswitch ［0］. selectedIndex;
         if （i == 1） {
                     $ （" #img2"） . hide（ ）;
                     $ （" #img1"） . show（ ）;
                     }
         else {
                     $ （" #img1"） . hide（ ）;
                     $ （" #img2"） . show（ ）;
                }
       }, 50）;
   }）;
   < /script >
< /head >
< body  >
   < div data - role = " page">
      < div data - role = " header">
          < h1 >切换开关的应用 < /h1 >
      < /div >
      < div data - role = " content"  style = " height:430px;">
```

隐藏"关闭"图像 img2
显示"打开"图像 img1

隐藏"打开"图像 img1
显示"关闭"图像 img2

```
        < div data – role = " fieldcontain" >
            < img src = " 亮 . jpg"  id = " img1" / >
            < img src = " 灭 . jpg"  id = " img2" / >
            < select name = " slider"  id = " slider"  data – role = " slider" >      定义切换开关
                < option value = " off" > 关 < / option >
                < option value = " on" > 开 < / option >
            < / select >
        < / div >
    < / div >
  < / div >
  < / body >
< / html >
```

程序运行结果如图 4.17 所示。

图**4.17**　切换开关控制灯泡亮灭

4.5　jQuery Mobile 的列表和可折叠内容块

4.5.1　jQuery Mobile 的列表

1.　列表视图

列表视图是 jQuery Mobile 中功能强大的一个特性。它会使标准的无序或有序列表应用更广泛。应用方法就是在 < ul > 或 < ol > 标签中添加 data – role = " listview" 属性。

【例 4 – 13 】　JQuery Mobile 的有序及无序列表视图示例。

```
< ! DOCTYPE html >
< html >
< head >
    < meta http – equiv = " Content – Type"  content = " text/html; charset = utf – 8" / >
    < meta name = " viewport"  content = " width = device – width,  initial – scale = 1" / >
    < link   rel = " stylesheet"  href = " . . \jq\jquery. mobile – 1. 4. 5. min. css" >
```

```
< script src = " . . \jq\jquery – 1. 7. 1. min. js" > </ script >
    < script src = " . . \jq\jquery. mobile – 1. 4. 5. min. js" > </ script >
</ head >
< body >
< div data – role = " page"  id = " pageone" >
    < div data – role = " header"   >
    <h1 > 列表视图 </h1 >
    </ div >
    < div data – role = " main"  class = " ui – content" >
        <h2 > 有序列表： </h2 >
        < ol data – role = " listview" >
            <li > < a href = " #" > 列表项 </ a > </ li >
            <li > < a href = " #" > 列表项 </ a > </ li >
            <li > < a href = " #" > 列表项 </ a > </ li >
        </ ol >
        <h2 > 无序列表： </h2 >
        < ul data – role = " listview" >
            <li > < a href = " #" > 列表项 </ a > </ li >
            <li > < a href = " #" > 列表项 </ a > </ li >
            <li > < a href = " #" > 列表项 </ a > </ li >
        </ ul >
    </ div >
</ div >
</ body >
</ html >
```

定义无序列表

定义有序列表

程序运行结果如图 4.18 所示。

图 4.18　有序列表和无序列表

2. 带图标的列表项

在 jQuery Mobile 的列表项中，使用 < img > 元素，对于链接大于 16×16px 的图像，jQuery Mobile 将自动把图像调整至 80×80px。

【例 4 – 14】 显示带图标的列表项。

```
<! DOCTYPE html >
< html >
< head >
    < meta http – equiv = " Content – Type"  content = " text/html；charset = utf – 8" / >
    < meta name = " viewport"  content = " width = device – width，initial – scale = 1" / >
    < link   rel = " stylesheet"  href = " . . \jq\jquery. mobile – 1. 4. 5. min. css">
    < script src = " . . \jq\jquery – 1. 7. 1. min. js"> </script >
    < script src = " . . \jq\jquery. mobile – 1. 4. 5. min. js"> </script >
</ head >
< body >
    < div data – role = " page"  data – theme = " a" >
        < div data – role = " header"  >
            <h1 >播放列表 </h1 >
        </ div >
        < ul data – role = " listview" >————— 定义列表
            < li > < a href = " #" >
                < img src = " images/img1. jpg"  >——— 定义列表项中的图标
                < h2 > no air </h2 >
                < p > Chris Brown </p > </a >
            </li >
            < li > < a href = " #" >
                < img src = " images/img2. jpg"  >——— 定义列表项中的图标
                < h2 > baby </h2 >
                < p > justinbieber </p > </a >
            </li >
            < li > < a href = " #" >
                < img src = " images/img3. jpg"  >——— 定义列表项中的图标
                < h2 > 黑色星期五 </h2 >
                < p > 莎拉布莱曼 </p > </a >
            </li >
            < li > < a href = " #" >
                < img src = " images/img4. jpg"  >——— 定义列表项中的图标
                < h2 > 好想大声说爱你 </h2 >
```

```
        <p>灌篮高手</p></a>
    </li>
    <li><a href="#">
        <img src="images/img5.jpg">————— 定义列表项中的图标
        <h2>brave song</h2>
        <p>黎曼斯特</p></a>
    </li>
</ul>
</div>
</body>
</html>
```

程序运行结果如图 4.19 所示。

图 4.19　带图标的列表项

4.5.2 可折叠内容块

可折叠内容块就是允许对某容器中的部分内容进行隐藏或显示，这个功能对于显示信息较大的内容很有用。

如需创建可折叠的内容块，只需要设置该内容容器 <div> 的 data – role 属性，其属性值为 data – role = "collapsible"。

【例 4 – 15】　可折叠内容块示例。

```
<!DOCTYPE html>
<html>
<head>
    <meta http-equiv="Content-Type" content="text/html; charset=utf-8"/>
    <meta name="viewport" content="width=device-width, initial-scale=1"/>
    <link rel="stylesheet" href="..\jq\jquery.mobile-1.4.5.min.css">
```

```
< script src = " . . \jq\jquery − 1. 7. 1. min. js" > < /script >
< script src = " . . \jq\jquery. mobile − 1. 4. 5. min. js" > < /script >
< /head >
< body >
    < div data − role = " page" >
        < div data − role = " content" >
            < div data − role = " collapsible − set" data − mini = " true" >
                < div data − role = " collapsible" data − collapsed = " false" >
                    < h3 > 变形金刚 < /h3 > < p >
                        < fieldset class = " ui − grid − a" >
                            < div class = " ui − block − a" >
                                < div class = " ui − bar ui − bar − c" >
                                    < img src = " images/a1. jpg" / >
                                < /div >
                            < /div >
                            < div class = " ui − block − b" >
                                < div class = " ui − bar ui − bar − c" >
                                    < h1 > 擎天柱 < /h1 >
                                    < p > 楼下的被我干掉了 < /p >
                                < /div >
                            < /div >
                            < div class = " ui − block − a" >
                                < div class = " ui − bar ui − bar − c" >
                                    < img src = " images/a2. jpg" / >
                                < /div >
                            < /div >
                            < div class = " ui − block − b" >
                                < div class = " ui − bar ui − bar − c" >
                                    < h1 > 霸天虎 < /h1 >
                                    < p > 其实擎天柱根本打不过我 < /p >
                                < /div >
                            < /div >
                        < /fieldset >
                    < /p >
                < /div >
                < div data − role = " collapsible" data − collapsed = " true" >
                    < h3 > 黑名单 < /h3 > < p >
                        < fieldset class = " ui − grid − a" >
                            < div class = " ui − block − a" >
                                < div class = " ui − bar ui − bar − c" >
```

设置可折叠块

定义可折叠的内容

```
                        < img src = " images/a3. jpg" / >
                    </ div >
                </ div >
                < div class = " ui – block – b" >
                    < div class = " ui – bar ui – bar – c" >
                        < h1 >大黄蜂 </ h1 >
                        < p >你们慢慢打 我躲起来 </ p >
                    </ div >
                </ div >
                < div class = " ui – block – a" >
                    < div class = " ui – bar ui – bar – c" >
                        < img src = " images/a4. jpg" / >
                    </ div >
                </ div >
                < div class = " ui – block – b" >
                    < div class = " ui – bar ui – bar – c" >
                        < h1 >令狐冲 </ h1 >
                        < p >乔恩在哪里 </ p >
                    </ div >
                </ div >
            </ fieldset >
        </ p >
        </ div >
        </ div >
        </ div >
    </ div >
</ body >
</ html >
```

程序运行结果如图 4.20 所示。

图 4.20　将部分内容折叠

习题

1. 编写一个主题为"我的家乡"的 jQuery Mobile 多页面程序。
2. 在第 1 题的基础上，使用带图标的列表，显示多个栏目。
3. 设计一个实用的音乐播放器。

第 5 章　Ajax 及远程服务器数据处理技术

利用 jQuery 封装的 Ajax 技术，可以轻松实现客户端与服务器端异步通信问题，从而帮助开发人员从烦琐的技术细节中解放出来，专心于业务层开发工作。本章将详细介绍 Ajax 技术、JSON 格式数据及远程服务器数据处理技术等知识。

5.1 Ajax 技术概述

5.1.1 Ajax 技术简介

Ajax（Asynchronous JavaScript And XML，异步 JavaScript 及 XML）是一种应用 JavaScript 创建交互式网页应用的技术。通过在后台与服务器进行少量数据交换，Ajax 可以使网页实现异步更新。这意味着可以在不重新加载整个网页的情况下，对网页的某部分进行更新。而传统的网页（不使用 Ajax）要更新内容必须重新加载整个网页页面。

Ajax 不是一种新的编程语言，而使用应用 JavaScript 在 Web 浏览器与 Web 服务器之间进行发送和接收数据的网页开发技术，是 HTML、CSS 及 JavaScript 等技术的组合。Ajax 的核心是 JavaScript 的 XmlHttpRequest 对象。该对象是一种支持异步请求的技术。简而言之，XmlHttpRequest 可以使用 JavaScript 向服务器提出请求并处理响应，而不阻塞用户。

在应用 Ajax 进行开发时，由于 JavaScript 的代码编写量很大，通常使用 jQuery 编写。

5.1.2 Ajax 技术的应用

1. 创建 XmlHttpRequest 对象

Ajax 技术的核心是使用 XmlHttpRequest 对象，使用 XmlHttpRequest 对象之前，需要实例化 XmlHttpRequest 对象。

xmlHttp = new XMLHttpRequest（）;

2. 配置 XMLHttpRequest 对象

XmlHttpRequest 对象创建以后，需要调用 open（）方法对 XmlHttpRequest 对象进行配置。

xmlHttp. open（method, url, true）;

其中，method 为提交方式：POST 或 GET；url 为请求的数据源地址。

3. 发送请求并接收服务器的回应

xmlHttp. send（content）;

其中，contento 为指定要发送的数据。

4. XMLHttpRequest 对象的 readyState 属性、status 属性和 responseText 属性

（1）readyState 属性

XMLHttpRequest 对象的 readyState 属性用于返回 Ajax 的当前状态。其状态值有 5 种形式，其取值如表 5.1 所示。

表 5.1　readyState 属性返回 Ajax 状态

readyState 属性值	说　　明
0 表示"未初始化"状态	已经创建一个 xmlhttprequest 对象，但是还没有初始化
1 表示"已初始化"状态	代码已经调用了 xmlhttprequest open( ) 方法并且 xmlhttprequest 已经准备把一个请求发送到服务器
2 表示"发送"状态	已经通过 send( ) 方法把请求发送到服务器端，但是还没有收到响应
3 表示"正在接收"状态	已经接收到 HTTP 响应头部信息，但是消息体部分还没有完全接收结束
4 表示"已加载完成"状态；	响应已经被完全接收

（2）status 属性

status 属性用于返回当前请求的 HTTP 状态代码，常见的状态码如下：

- 200：服务器成功返回。
- 403：服务器禁止访问。
- 404：请求的网页不存在。

（3）responseText 属性

XMLHttpRequest 对象的 responseText 属性用于将响应信息作为字符串返回。

【例 5 − 1】　Ajax 对象发送和接收数据示例。

应用项目文件 index.thml 的表单通过 Ajax 文件 t5_1.js 把表单中的数据发送到 IP 地址为 58.199.89.161 的远程服务器 www 目录下的 PHP 文件 t5_1.php 中。t5_1.php 再通过 Ajax 文件 t5_1.js 把数据回显到 index.html 的页面上。

- index.html 代码：

```
<! DOCTYPE html >
< html >
< head >
    < meta charset = "UTF − 8">
    < script type = "text/javascript" src = "js/jquery − 3.1.1.min.js"> </script >
    < script type = "text/javascript" src = "js/t5_1.js"> </script >
</head >
< body >
    < p >用户名：  < input type = "text" id = "txt − username"/ >
    < p >密　码：  < input type = "text" id = "txt − passwd"/ >
    < p > < input type = "button" value = "提交" onclick = "btn_click( ) ;"/ >
    < div id = "result"> </div >
```

```
</body >
</html >
```

● Ajax 文件 t5_ 1. js

```
function btn_ click( ) {
    //创建 XMLHttpRequest 对象
    var xmlHttp = new XMLHttpRequest( ) ;
    //获取页面中输入的数据值
    var userName = document. getElementById( " txt – username" ) . value ;
    var passWd = document. getElementById( " txt – passwd" ) . value ;
    //配置 XMLHttpRequest 对象
    var url = " http://58. 199. 89. 161/t10_1. php? username = " + userName
            + " &passwd = " + passWd ;       //58. 199. 89. 161 为远程服务器的 IP 地址
    xmlHttp. open( " get" , url , true) ;
    //设置回调函数
    xmlHttp. onreadystatechange = function( ) {
    if ( xmlHttp. readyState == 4 && xmlHttp. status == 200 ) {
        document. getElementById( " result" ) . innerHTML = xmlHttp. responseText ;
        window. alert( " 数据返回:" + xmlHttp. responseText) ;
    }
    } ;
    //发送请求
    xmlHttp. send ( null) ;
}
```

（4） PHP 文件 t5_ 1. php

```
<? php
    $ name = $ _GET[ " username" ] ;
    $ pass = $ _GET[ " passwd" ] ;
    echo " 用户名:" . $ name. " < br >" ;   //用点. 连接变量与字符串
    echo " 密   码:" . $ pass. " < br >" ;
? >
```

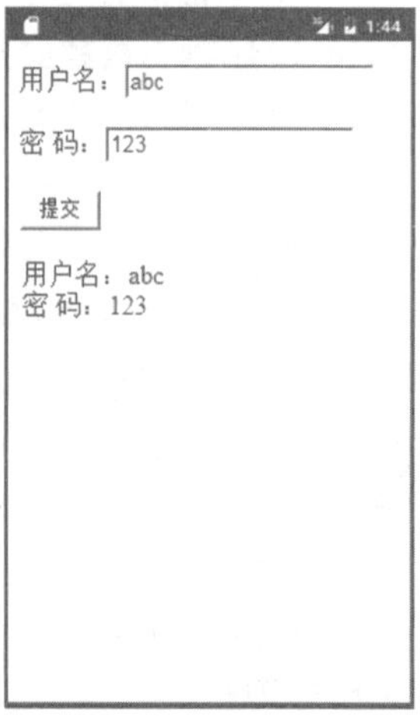

程序运行结果如图 5.1 所示。从图 5.1 中可以看出，利用 Ajax 可以轻松实现表单的提交效果，在发送和接收数据时不需要刷新整个页面。

图 5.1 利用 Ajax 发送和接收数据

5. 2 JSON 数据

JSON（JavaScript Object Notation）是一种轻量级的数据交换格式。JSON 采用完全独立于语言的纯文本格式，易于人们阅读和编写，同时也易于机器解析和生成（一般用于提升网络传输速率），因此，JSON 成为网络传输中理想的数据交换语言。

5.2.1 JSON 数据格式

JSON 是基于 JavaScript 的一个子集，其数据格式非常简单。

1. JSON 数据

JSON 数据值可以是一个简单的字符串（String）、数值（Number）、布尔值（Boolean），也可以是一个数组或一个复杂的 Object 对象。

- JSON 的字符串需要用双引号括起来。
- JSON 的数值可以是整数或浮点数。
- JSON 的布尔值为 true 或 false。
- JSON 的数组用方括号括起来。
- JSON 的 Object 对象用花括号括起来。

需要注意，单独的字符串、数值或布尔值不是合法的 JSON 数据，必须将其包含在一个数组或 Object 对象中。

2. 用键－值对表示数据

JSON 数据的书写格式如下：

键名（key）：值（value）

键－值对的键名 key 必须是字符串，后面写一个冒号"："，然后是值 value。值 value 可以是字符串、数值、布尔值。例如：

"firstName"："John"

等价于下列 JavaScript 语句：

firstName = "John"

3. JSON 对象

JSON 对象可以包含多个键－值对，要求在花括号"｛　｝"中书写，键－值对之间用逗号"，"分隔。例如：

{"firstName"："John"，"lastName"："Doe"，"age":20}

等价于下列 JavaScript 语句：

firstName = "John"

lastName = "Doe"

age = 20

JSON 对象的值也可以是另一个对象，例如：

{

　　"Name"："John"，

　　"age":20，

　　"hobby"："打篮球"，

　　"friend"：{"Name"："Suny"，"age":19，"hobby"："看书"}

}

4. JSON 数组

JSON 数组可以包含多个 JSON 数据作数组元素，每个元素之间用逗号"，"分隔，要求在方括号"〔 〕"中书写。例如：

var meber = 〔" John" ,20 ," 打篮球" 〕;

JSON 数组的元素可以包含多个对象，例如：

```
    var employees = 〔
            {" firstName" :" John" ," lastName" :" Doe" } ,
            {" firstName" :" Anna" ," lastName" :" Smith" } ,
            {" firstName" :" Peter" ," lastName" :" Jones" }
    〕;
```

可以像这样访问 JavaScript 对象数组中的第一项元素：

employees 〔0〕. lastName;

返回的值为：Doe。

也可以修改其数据：

employees 〔0〕. lastName = " Jobs" ;

5. JSON 文件

JSON 文件的文件类型是". json"，JSON 文本的 MIME 类型是" application/json"。

5.2.2 应用 Ajax 解析 JSON 数据

1. Ajax 解析 JSON 对象数据

应用 Ajax 解析 JSON 对象数据的示例如下：

【例 5 - 2】 设有 JSON 对象{" ID" :" 1001" ," Name" :" 张大山" ," scor" :92} ，编写一个程序，将数据显示出来。

```
< ! DOCTYPE html >
< ! --
    使用 JavaScript 解析 JSON 对象数据
-- >
< html >
    < head >
        < meta charset = " utf - 8" / >
        < link rel = " stylesheet" type = " text/css" href = " css/index. css" / >
        < title > 解析 JSON 对象数据 </title >
        < script >
        var json_ data = {" ID" :" 1001" ," Name" :" 张大山" ," scor" : 92} ;
        function myAjax ( )
        {
```

```
            alert("学号:" + json_data. ID + "\n"
                + "姓名:"+ json_data. Name + "\n"           Ajax 解析 JSON 数据
                + "成绩:"+ json_data. scor + "\n") ;
        }
    </script >
</head >
<body >
    <div >
        <p > <h1 >JavaScript 解析 JSON 数据 </h1 > </p >
        <p > <button onclick = "myAjax( ) ;" > <h2 >解析 JSON 对象 </h2 > </button > </p >
    </div >
</body >
</html >
```

程序运行结果如图 5.2 所示。

图 5.2　解析 JSON 对象数据

2. Ajax 解析 JSON 数组数据

应用 Ajax 解析 JSON 数组数据的示例如下：

【例 5 - 3】　设有 JSON 数组 ["《荷塘月色》","朱自清","现代散文"]，编写一个程序，
将数据显示出来。

```
<! DOCTYPE html >
<! --
    使用 JavaScript 解析 JSON 数组数据
-- >
```

```
< html >
    < head >
        < meta charset = " utf – 8" / >
        < title >解析 JSON 数组数据 </title >
    < script  >
        var json_data = [ "《荷塘月色》" , " 朱自清" , " 现代散文" ] ;
        function myAjax( )
         {
            alert( " 文章:" + json_data[ 0 ] + " \n"
                + " 作者: " + json_data[ 1 ] + " \n"
                + " 分类:" + json_data[ 2 ] + " \n" ) ;
         }
    </ script >
    </ head >
    < body >
        < div >
            < p > < h1 >JavaScript 解析 JSON 数据 </ h1 > </ p >
            < p > < button onclick = "myAjax( ) ;" > < h2 >解析 JSON 数组 </ h2 > </ button > </ p >
        </ div >
    </ body >
</ html >
```

程序运行结果如图 5.3 所示。

图 5.3　解析 JSON 数组数据

3. Ajax 解析复杂的 JSON 数据

应用 Ajax 解析数组与 Object 对象嵌套的复杂 JSON 数据示例如下：

【例 5 - 4】　设有数组与 Object 对象嵌套的复杂 JSON 数据

```
{
    "sid" :"1001",
    "Name" :"张大山",
    "cla" :[
                {"km1":"大学英语","score1":90},
                {"km2":"高等数学","score2":75},
                {"km3":"程序设计","score3":95},
            ]
}
```

试编写一个程序，将数据显示出来。

```
<! DOCTYPE html >
<! --
    使用 JavaScript 解析复杂的 JSON 数据
-- >
<html >
    <head >
        <meta charset = "utf - 8"/ >
        <title >解析复杂的 JSON 数据</title >
    <script >
        var json_ data = {
            "sid" :"1001",
            "Name" :"张大山",
            "cla" :[
                    {"km1":"大学英语","score1":90},
                    {"km2":"高等数学","score2":75},
                    {"km3":"程序设计","score3":95},
                    ]
        };
    function myAjax( )
     {
        alert("学号:"+json_data. sid + "\n"
            +"姓名:"+json_data. Name + "\n"
            +"成绩:"+ "\n"
            +"    "+json_data. cla[0]. km1 +json_data. cla[0]. score1 + "\n"
            +"    "+json_data. cla[1]. km2 +json_data. cla[1]. score2 + "\n"
            +"    "+json_data. cla[2]. km3 +json_data. cla[2]. score3 + "\n"
```

```
                    );
                }
            </script>
        </head>
        <body>
            <div>
                <p> <h1>JavaScript 解析 JSON 数据</h1> </p>
                <p> <button onclick = "myAjax( );"> <h2>解析复杂 JSON 数据</h2> </button> </p
                >
            </div>
        </body>
    </html>
```

程序运行结果如图 5.4 所示。

图 5.4　解析复杂的 JSON 数据

【例 5-5】 设有数组嵌套的复杂 JSON 数据

```
            [
                ["《荷塘月色》","朱自清","现代散文"],
                ["《三国演义》","罗贯中","古典小说"],
                ["《神雕侠侣》","金  庸","武侠小说"]
            ];
```

试编写一个程序，将数据显示出来。

```
    <! DOCTYPE html>
    <! --
```

```
        使用 JavaScript 解析 JSON 数组数据
-- >
< html >
    < head >
        < meta charset = " utf - 8" / >
        < title > 解析 JSON 数组数据 </ title >
      < script src = " jquery - 3. 1. 1. min. js"> </ script >
    < script >
        var json_ data = [
                        [ "《荷塘月色》" , "朱自清" , "现代散文" ] ,
                        [ "《三国演义》" , "罗贯中" , "古典小说" ] ,
                        [ "《神雕侠侣》" , "金　庸" , "武侠小说" ]　] ;
        function myAjax( )
        {
            //应用 jQuery 元素选择器 $ ( "#app" ) , 将 < p id = " app"> 元素用 append( )
            //追加显示
            $ ( "#app" ) . append( "文章:"+json_data[0][0] + " </br >" ) ;
            $ ( "#app" ) . append( "作者:"+json_data[0][1] + " </br >" ) ;
            $ ( "#app" ) . append( "分类:"+json_data[0][2] + " </br > </br >" ) ;
            $ ( "#app" ) . append( "文章:"+json_data[1][0] + " </br >" ) ;
            $ ( "#app" ) . append( "作者:"+json_data[1][1] + " </br >" ) ;
            $ ( "#app" ) . append( "分类:"+json_data[1][2] + " </br > </br >" ) ;
            $ ( "#app" ) . append( "文章:"+json_data[2][0] + " </br >" ) ;
            $ ( "#app" ) . append( "作者:"+json_data[2][1] + " </br >" ) ;
            $ ( "#app" ) . append( "分类:"+json_data[2][2] + " </br > </br >" ) ;
                for ( i = 0; i < json_data. length;i + + )
                    $ ( "#app" ) . append( json_data[ i] + " </br >" ) ;
        }
    </ script >
    </ head >
    < body >
        < div >
            < p > < h1 >JavaScript 解析 JSON 数据 </ h1 > </ p >
            < p > < button onclick = " myAjax( ) ;" > < h2 >解析 JSON 复杂数组 </ h2 > </ button > </
            p >
            < p id = " app"> </ p >
        </ div >
    </ body >
</ html >
```

程序运行结果如图 5.5 所示。

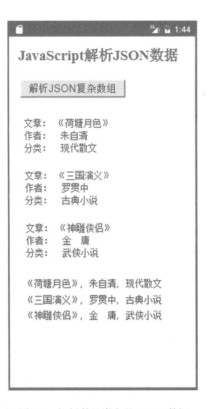

图 5.5　解析数组嵌套的 JSON 数据

5.3　Ajax 与 PHP 基础

5.3.1 PHP 基础

1. PHP 的概念

PHP（Hypertext Preprocessor，超文本预处理器）是一种通用开源的脚本语言。PHP 与微软的 ASP 颇有几分相似，都是一种在服务器端执行的嵌入 HTML 文档的脚本语言。PHP 的风格类似于 C 语言，它是目前最流行的网页开发技术。

2. 创建 PHP 网站

通常可以使用 WampServer 创建 PHP 网站。WampServer 是一款集成了 Apache Web 服务器、PHP 程序解释器，以及 MySQL 数据库的软件包，在 Windows 操作系统下安装非常简便，免去了开发人员将时间花费在烦琐的配置环境过程，从而可以腾出更多精力用于应用程序的开发和设计。

（1）下载和安装 WampServer

在网络上可以很方便地下载免费使用的最新版本 WampServer 安装包，其安装过程也非常简单，只需要按照安装向导的提示就可以安装成功，如图 5.6 所示。

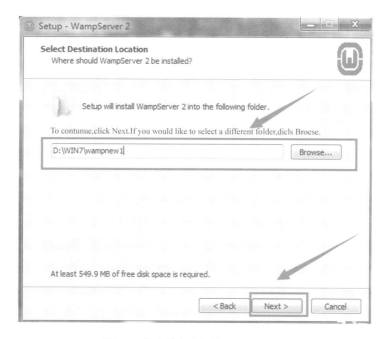

图5.6　按安装向导安装 **WampServer**

（2）运行 WampServer，启动 Apache Web 服务

WampServer 安装完成之后，单击计算机屏幕桌面右下角状态栏的图标，打开 WampS-erver 菜单，如图 5.7 所示。

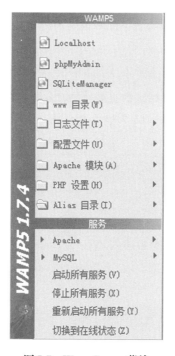

图5.7　**WampServer 菜单**

（3）打开 Wamp 网站首页

选择菜单中的 Localhost 命令，运行位于网站根目录下的 index. php 文件，显示 Wamp 网站首页，如图 5.8 所示。

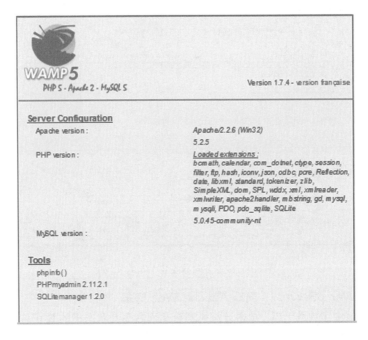

图 5.8　Wamp 网站首页的页面

用户的 PHP 程序，都可以保存到 wamp 网站的根目录之下（WampServer 安装目录 \ www \ ）。

3. 第一个 PHP 程序

PHP 是一种创建动态交互性站点的强有力的服务器端脚本语言，必须在服务器上运行。PHP 程序以"<？php"标记开头，以"？>"标记结束，其基本格式如下面示例：

```
<？ php
    echo'微笑着吃饭好帅啊'
    echo'真的好帅啊'
？>
```

用文本编辑工具编写好之后，将文件保存到 WampServer 安装目录的 www \ test 目录下，文件名为 testPHP1. php。在浏览器中输入 http：//localhost/test/testPHP1. php，则可以看到程序运行结果。

4. PHP 语法简介

PHP 的语法与 C 语言或 Java 语言类似，仅在个别地方稍有不同。

PHP 的变量声明格式如下：

```
$变量名；
```

例如：

```php
<? php
    $ x =5;
    $ a = "字符串";
    echo  $ x;             //显示变量的值
    echo" <br/> ";          //换行
    echo  $ a;             //显示变量的值
? >
```

【例 5 - 6】 编写一个显示学生资料的 PHP 程序。

```php
<? php
    $ name = '张大山';
    $ xh = 'swj14005';
    $ kc = 'Ajax';
    $ cj =85;
? >
<html>
  <meta charset = " utf - 8">
  <body>
  <h1 >学生资料</h1> <img src = " a. jpg">
  <table>
    <tr>
        <td>姓名：</td>
        <td> <? php echo  $ name ? > </td>────── 在页面中显示 PHP 变量值
    </tr>
    <tr>
        <td>学号：</td>
        <td> <? php echo  $ xh ? > </td>────── 在页面中显示 PHP 变量值
    </tr>
    <tr>
        <td>课程：</td>
        <td> <? php echo  $ kc ? > </td>────── 在页面中显示 PHP 变量值
    </tr>
    <tr>
        <td>成绩</td>
        <td> <? php echo  $ cj ? > </td>────── 在页面中显示 PHP 变量值
    </tr>
  </table>
  </body>
```

```
</html >
```

程序运行结果如图 5.9 所示。

图 5.9　显示学生资料的 PHP 程序

5. 用表单提交数据

HTML 表单用 POST 方式提交数据，需要使用 $_ POST［'数据名称'］接收数据。

例如，从 HTML 表单向服务器端的 PHP 以 POST 方式提交了 2 个数据，其数据名分别为 name 和 age，则 PHP 的接收数据语句为：

```
<? php
    if ( $_ SERVER ['REQUEST_ METHOD'] =='POST')
    {
        $ name = $_ POST ['name'];
        $ age = $_ POST ['age'];
    }
? >
```

【例 5 - 7】　用表单提交数据并在同一文件中显示提交的内容。

```
<? php
    if ( $_ SERVER ['REQUEST_ METHOD'] == 'POST')
    {
        $ name = $_ POST ['name'];      接收表单提交的数据
        $ age = $_ POST ['age'];
        echo" 姓名:" . $ name. " <br >";       //用点 . 连接字符串与变量
        echo" 年龄:" . $ age. " <br >";
    }
? >
<html >
< meta charset = " utf - 8">
< body >
    < form method = " post" action = " ex5_7. php">
        <p > 姓名：< input type = " text" name = " name" / > </p >
```

```
<p>年龄：<input type="text" name="age" /></p>
    <p><input type="submit"></p>
  </form>
 </body>
</html>
```

将文件保存到 WampServer 安装目录的 www＼test 目录下，文件名为 ex5_7.php。在浏览器中输入 http：//localhost/test/ex5_7.php 运行程序，并输入姓名和年龄，运行结果如图 5.10 所示。

图 5.10　用表单以 POST 方式提交数据

5.3.2 jQuery 的 Ajax 方法

jQuery 对 Ajax 操作进行了封装，使用 jQuery 可以极大地简化 Ajax 程序的开发过程。通过 jQuery 的 Ajax 方法，能够使用 HTTP Get 和 HTTP Post 从远程服务器上请求文本、HTML、XML 或 JSON，同时能够把这些外部数据直接载入网页的被选元素中。在 jQuery 中，常用的 Ajax 操作方法如表 5.2 所示。

表 5.2　常用的 Ajax 方法

方　　法	说　　明
$（selector）.load（url，data，callback）	把远程数据加载到被选的元素中
$.ajax（options）	把远程数据加载到 XMLHttpRequest 对象中
$.get（url，data，callback，type）	使用 HTTP GET 来加载远程数据
$.post（url，data，callback，type）	使用 HTTP POST 来加载远程数据
$.getJSON（url，data，callback）	使用 HTTP GET 来加载远程 JSON 数据文件
$.getScript（url，callback）	加载并执行远程的 JavaScript 文件

表 5.2 的 Ajax 方法参数说明：

● url：被加载的数据的 URL（地址）。

● data：发送到服务器的数据的键/值对象。

- callback：当数据被加载时，所执行的函数。
- type：被返回的数据的类型（html，xml，json，jasonp，script，text）。
- options：Ajax 请求的所有键/值对选项。

1. 用 jQuery 的 $. post() 方法发送数据

在 jQuery 中使用 POST 方式异步提交数据，需要使用 jQuery 的 $. post（）方法发送 HTTP POST请求。

$. post()方法的语法格式如下：

$. post（url [，data] [，callback] [，type]）

参数意义说明：

- url：请求的 HTML 页面的 URL 地址。
- data：可选参数，发送到服务器端的数据。
- callback：可选参数，当请求成功时运行的回调函数。
- type：可选参数，服务器响应的数据类型。默认为服务器智能判断。

其中，回调函数 callback 的一般格式如下：

```
function（data，status）
{
    …;       //data：服务器端返回的数据内容，可以是 Json、XML、HTML 文档等
    …;       //status：服务器端返回的请求状态
}
```

【例 5 - 8】 编写一个用户留言的页面，使用 jQuery 的 $. post()方法向远程服务器发送数据，并显示返回结果。

- 新建 ex5_ 8. html 文件，构建 form 表单，其主要代码如下：

```
< form method = " post" action = " " >
    用户名：< input type = " text" id = " username" / > < /br > < br/ >
    留  言：< textareaid = " content" > < /textarea > < br/ > < br/ >
      < input type = " button" id = " button" value = " 提交" / > < br/ > < br/ >
      < div id = " responseText" > < /div >
< /form >
```

- 编写按钮的 click 事件，将 form 表单中的用户名、留言内容作为参数传递给服务器端的 ex5_ 8. php 程序，代码如下：

```
$. post （
    " http：//localhost/test/ex5_ 8. php" ,      ── 第一个参数 url
    {
        username：$ ( " #username" ). val ( ),
        content：$ ( " #content" ). val ( )          第二个参数 data
    },
    function( data) {
        $ ( " #responseText" ). html ( " 用户名:" +
        data. username + " < br/ > 留言内容:" +      第三个参数回调函数
        data. content) ;
    },
```

"json"）;　——　第四个参数 type，数据返回的格式为 JSON 数据

　　）;

● 编写服务端 ex5_ 8. php 程序，接收 ex5_ 8. html 页面发送过来的数据，保存到 $dataArray 数组中，之后使用 json_ encode（）方法将数据转换成 json 对象后，返回给请求页面。PHP 程序 ex5_ 8. php 的代码如下:

```php
<? php
    if （$_ SERVER ['REQUEST_ METHOD']  == 'POST')
    {
        $ username = $_ POST ['username'];        接收表单提交的数据
        $ content = $_ POST ['content'];
        $ dataArray = array （
                        "username" = > $ username,       构建 Json 数据
                        "content" = > $ content
                        ）;
        $ jsonStr = json_ encode （$ dataArray）;   ——  将 Json 数据转换成对象
        echo  $ jsonStr;
    }

? >
```

● 完整的 HTML 程序 ex5_ 8. html 的代码如下:

```html
<! DOCTYPE html >
< html >
  < head >
    < meta charset = "UTF -8" >
    < script type = "text/javascript" src = "jquery -1. 8. 0. min. js" > </ script >
    < script >
      $ (document) . ready (function( ) {
        $ (" #button" ) . click (function( ) {
          $. post （
              "http://localhost/test/ex5_8. php" ,
              {
                username: $ (" #username" ). val（ ) ,
                content: $ (" #content" ). val（ )
              } ,
              function( data） {
              $ (" #responseText" ). html(
                    "用户名:" + data. username +
                    " < br/ > 留言内容:" + data. content
                  ）;
              } ,
                "json" ) ;
```

$. post（ ）方法，4 个参数

```
            });
         });
    </script>
</head>
<body>
    <form method = "post" action = "">
        用户名：<input type = "text" id = "username" / > </br > <br/ >
        留  言：<textarea id = "content" > </textarea > <br/ > <br/ >
            <input type = "button" id = "button" value = "提交" / > <br/ > <br/ >
            <div id = "responseText" > </div >
    </form >
</body >
</html >
```

程序运行结果如图 5.11 所示。

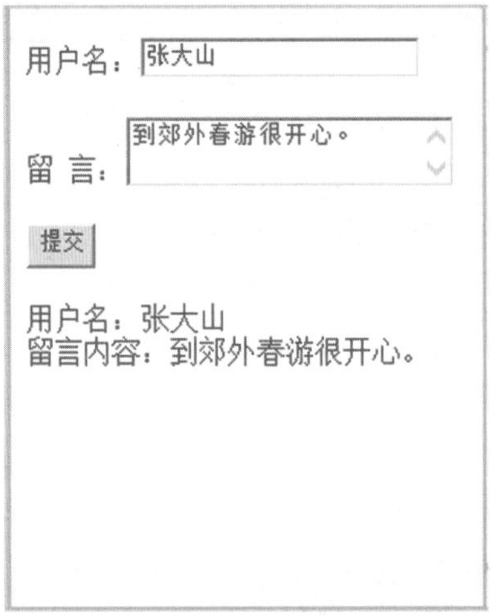

图 5.11　$.post( )方法发送数据

2. 用 jQuery 的 $. get()方法发送数据

在 jQuery 中使用 GET 方式提交请求数据，需要使用 jQuery 的 $.get( ) 方法发送 HTTP GET 请求。

$.get( )方法的语法格式如下：

$.get（url［, data］［, callback］［, type］）

参数意义与 $.post( )方法相同。

【例 5 - 9】 编写一个用户登录的页面，使用 jQuery 的 $.post( )方法向远程服务器发送数据，并显示返回结果。

● 新建 ex5_ 9.html 文件，代码如下：

<! DOCTYPE html >

```
< html >
  < head >
    < meta charset = " UTF – 8 " >
    < script type = " text/javascript" src = " . . /jq/jquery – 3. 1. 1. min. js" > </ script >


  < script >
  $ ( document )  . ready  ( function ( ) {
    $ ( " #button" )  . click  ( function ( ) {
      $ . get  (
        " http://localhost/test/ex5_9. php" ,        第一个参数 url
        {
          sid: $ ( " #sid" ) . val ( ) ,
          username: $ ( " #username" ) . val ( ) ,        第二个参数 data
          email: $ ( " #email" ) . val ( )
        } ,
        function ( data, status) {
          $ ( " #responseText" ) . html ( " 序号:" +
            data. sid + "  < br/ > 用户名:" +
            data. username + "  < br/ > 邮箱:" +        第三个参数回调函数
            data. email + "  < br/ > 返回状态:" +
            status) ;
        } ,
        " json" ) ;        第四个参数 type,数据返回的格式为 JSON 数据
      } ) ;
    } ) ;
  </ script >
</ head >
< body >
  < form method = " post" action = " " >
    序  号:  < input type = " text" id = " sid" / > </ br > < br/ >
    用户名:  < input type = " text" id = " username" / > </ br > < br/ >
    邮  箱:  < input type = " text" id = " email" / > < br/ > < br/ >
    < input type = " button" id = " button" value = " 提交" / > < br/ > < br/ >
      < div id = " responseText" > </ div >
  </ form >
</ body >
</ html >
```

$. get ( ) 方法

● 编写服务端 ex5_ 9. php 程序,接收 ex5_ 9. html 页面发送过来的数据。代码如下:

```
<? php
```

```
if ( $_ SERVER ['REQUEST_ METHOD']  =='GET')
{
    $ sid = $ _ GET ['sid'];
    $ username = $ _ GET ['username'];   } 接收表单提交的数据
    $ email = $ _ GET ['email'];
    $ dataArray = array  (
        " sid"  => $ sid,
        " username"  => $ username,     } 构建 Josn 数据
        " email"  => $ email) ;
    $ jsonStr = json_ encode ( $ dataArray); —— 将 Josn 数组转换成对象
    echo $ jsonStr;
}
? >
```

程序运行结果如图 5.12 所示。

图 5.12　$. get( )方法发送数据

3．用 $. getJSON()方法加载 JSON 文件

在 JQuery 中，$. getJSON ( )方法用于加载 JSON 格式的数据文件。

例如，要加载 test. json 文件的数据，其代码如下：

```
$ (" #button" ). click( funciton ( ) {
        $. getJSON (" test. json" ,回调函数);
    } )
```

其中回调函数为：

```
function (data) {
        $. each (data, function (数组的索引, 返回的数组元素) {
            …; //服务器端返回的数据中包含的数组元素内容
```

```
        } ) ;
    }
```

在回调函数中，使用 $.each( ) 方法遍历返回的数据 data，取出数组各元素的值。

【例 5 - 10 】 编写程序，读取 JSON 格式的数据文件。

● 在服务器端新建 JSON 格式的数据文件 ex5_ 10. json，其数据为包含 3 个对象的数组，文件的具体内容如下：

```
[
    {"title":"《荷塘月色》","author":"朱自清","type":"现代散文"},
    {"title":"《三国演义》","author":"罗贯中","type":"古典小说"},
    {"title":"《神雕侠侣》","author":"金　庸","type":"武侠小说"}
]
```

● 新建 ex5_ 10. html 文件，读取 JSON 格式的文件 ex5_ 10. json 中的数据，其代码如下：

```html
<! DOCTYPE html >
<html >
  <head >
    <meta charset ="UTF - 8">
    <script type ="text/javascript" src ="../jq/jquery - 3. 1. 1. min. js"> </script >
    <script >
      $ (document) . ready (function( ){
        $ ("#button") . click (function( ){
          $. getJSON (
            " http: //localhost/test/ex5_ 10. json",
            function (data) {
              var htmlStr ="" ;
              $. each (data, function (ex5_ 10,    info) {
                htmlStr + ="文章:"+info['title'] +" <br/ >" ;
                htmlStr + ="作者:"+info['author'] +" <br/ >" ;
                htmlStr + ="分类:"+info['type'] +" <br/ > <br/ >" ;
              } );
              $ ("#json") . html (htmlStr) ;
            } ); // $. getJSON( )_ end
        } );    //click( )_ end
      } );    //ready( )_ end
    </script >
    <style type ="text/css" >
      input {    font - size: 24px;}
    </style >
  </head >
  <body >
```

遍历 Json 数组

在 id ="json"的 < div > 中显示数据

< br/ >

< h1 > < center > 读取 JSON 文件 </center > </h1 > < p >

< h1 > < input type = " button" id = " button" value = " 读取数据" / > </h1 >

< br/ > < br/ >

< div id = " json" > </div >

</body >

</html >

程序运行结果如图 5.13 所示。

读取JSON文件

读取数据

文章：《荷塘月色》
作者：朱自清
分类：现代散文

文章：《三国演义》
作者：罗贯中
分类：古典小说

文章：《神雕侠侣》
作者：金 庸
分类：武侠小说

图 5.13　读取 JSON 格式文件

 习题

1. 设有 JSON 数组：

[{ " sid" :1001 , " name" :" 张大山" } , { " sid" :1002 , " name" :" 李小丽" }];

试编写一个通过列表组件 ListView 显示 Json 数组数据的程序。

2. 编写一个学生信息注册程序，要求使用 JSON 格式数据提交到后台服务器。

第6章 访问远程数据库

本章主要介绍移动 APP 怎样实现对远程网络数据库进行读/写数据的操作问题，并通过一个网络应用程序实例说明对后台数据库访问的移动 APP 的设计过程。

6.1 对后台 MySQL 数据库进行读/写数据操作

移动 APP 要实现对网络数据库进行读取或写入数据的操作，需要借助 PHP 程序充当网络的中间服务，把数据库中获取的数据转换成 JSON 数据，再传递给移动 APP。其结构如图 6.1 所示。

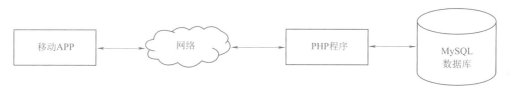

图6.1　移动 APP 访问网络数据库的结构

6.1.1 创建 MySQL 数据库

创建一个 MySQL 数据库，设数据库名称为 demoDB，数据表名为 user。数据表 user 的结构如表 6.1 所示。

表6.1　数据表 user 的结构

字　　段	类　　型	长　　度	注　　释
sid	INT	5	编号
name	VARCHAR	10	姓名
email	VARCHAR	25	邮箱

6.1.2 在 PHP 服务器端生成 JSON 数据

在服务器端运行的 PHP 程序，需要将数据库中读取的数据转换成 JSON 数据格式，以方便移动 APP 获取。

将数据库中读取的数据转换成 JSON 数据格式的 PHP 程序如下：

【例6-1】 设计一个 PHP 程序，从数据库中读取数据，并将其转换成 JSON 数据格式在浏览器上显示。

```
<? php
    /*
    设 MySQL 数据库 demoDB，数据表 user，该表有 3 个字段：sid、name、email
    */
```

```
//设置页面显示的文字编码
header("Content－Type：text/html；charset＝utf－8")；     //设置页面显示的文字编码
$db_ name ="demoDB"；//选择要使用的数据库 demoDB
$user ="root"；           //数据库用户名
$password ="""；           //数据库用户密码
$host ="localhost"；        //MySQL 服务器主机地址
$dsn ="mysql：host＝$host；dbname＝$db_ name"；   //设置数据源
try{
      $con ＝ new PDO（$dsn，$user，$password）；  //创建连接数据库的 PDO 对象
}catch（Exception $e）{    }
//设置数据库的编码方式，一定要与数据库的编码方式相同
$con －> query("set names utf8")；
// 下面一大段代码均是为了拼接出 JSON 格式的字符串并显示
echo " var json ＝ [ "；
if（$con)
{
    $query ＝" SELECT ＊ FROM user"；   //数据库查询语句
    $result ＝$con －> query($query)；      //执行查询操作
    $i ＝0；                        //用来判断是否为第一条数据
    foreach （$result as $row)
    {
        if($i！＝0)// 如果是第一条数据,则在数据前不显示逗号分隔符
        {
            echo ","；
        } else
        {
            $i＝1；
        }
        echo '{ "'；
        echo 'sid" : '；
        echo '" '；
        echo $row ['sid']；
        echo '", '；
        echo '" '；
        echo 'name" : '；
        echo '" '；
        echo $row ['name']；
        echo '", '；
        echo '" '；
        echo 'email" : '；
        echo '" '；
        echo $row ['email']；
        echo '" } '；
    }
} else
```

构建 JOSN 格式的字符串

```
        {
            // 如果连接数据库失败，仍然可以返回一条 JSON 数据
            echo '{ "sid" :"服务器出错了" ,"name" :"重启吧,亲!" ,"email" :"2016-12-07" }';
        }
        echo " ]" ;
        mysql_ close ( $ con ) ;
    ? >
```

在浏览器中输入 http://localhost/test/ex6_1.php，可以看到通过浏览器预览读取数据库数据的程序运行结果，如图 6.2 所示。

图 6.2　通过浏览器预览读取数据库的数据

6.1.3 读取数据库数据

下面是一个通过访问 PHP 程序数据库数据的移动 APP 程序示例。

【例 6－2】　读取数据库数据示例。

```
<! DOCTYPE html >
< html >
< head >
    < meta charset = " UTF - 8" >
    < script type = " text/javascript"  src = ".. /jq/jquery - 3.1.1.min.js" > </script >
    <! -- 导入远程 JSON 源数据的网页 -- >
    < script src = " http://localhost/test/ex6_1.php" > </script >
< script >
    //   使用 Ajax 的 append( )方法
    function myAjax( ) {
        for ( i = 0;    i < json.length; i++ ) {
            $ ( "#json" )  . append( "序号:" );
            $ ( "#json" )  . append ( json [ i ] . sid );
            $ ( "#json" )  . append( " </br > 姓名:" );       ┐
            $ ( "#json" )  . append ( json [ i ] . name );    │ 解析 JSON 格式数组
            $ ( "#json" )  . append( " </br > 邮箱:" );        │
            $ ( "#json" )  . append ( json [ i ] . email );   │
            $ ( "#json" )  . append( " </br >" );             │
            $ ( "#json" )  . append( " </br >" );             ┘
```

```
            }
        }
    </script>
</head>
<body>
    <br/>
    <h1><center>读取数据库数据</center></h1><p>
    <button  onclick="myAjax();"><h2>读取远程数据</h2></button><br/><br/>
    <div id="json"></div>
</body>
</html>
```

程序运行结果如图6.3所示。

图6.3　读取远程数据库数据

6.1.4 把客户端提交的数据写入数据库

例6-2已经接收到了来自客户端提交的数据，现在需要把接收到的数据写入数据库。

【例6-3】 把接收到的数据导入数据库。

- 客户端页面程序 ex6_3. html 代码如下：

```
<! DOCTYPE html>
<html>
<head>
    <meta charset="UTF-8">
    <script type="text/javascript" src="../jq/jquery-3.1.1.min.js"></script>
    <script>
```

```
$ ( document ) . ready ( function ( ) {
    $ ( " #button " ) . click ( function ( ) {
        $ . post (
            " http://localhost/test/ex6_3. php " ,
            $ ( " #testForm " ) . serialize ( ) ,        ——  序列化 form 元素
                function ( data ) {
                    $ ( " #jsondata " ) . html ( " 编号 : " + data. fsid
                        + " < br/ > 用户名 : " + data. username
                        + " < br/ > 邮箱 : " + data. femail ) ;
                } ,
                " json " ) ;                                      $ . post ( ) 方法
        } ) ;
    } ) ;
</ script >
</ head >
< body >
    < form id = " testForm "  method = " post "  action = " " >
        < center >
        < h1 > 用户注册 </ h1 > </br > < br/ >
        编号 : < input type = " text "  name = " fsid " / > </ br > < br/ >
        用户名 : < input type = " text "  name = " username " / > </ br > < br/ >
        邮箱 : < input type = " text "  name = " femail " / > < br/ > < br/ >
            < input type = " button "  id = " button "  value = " 提交 " / > < br/ > < br/ > </ center >
        < div id = " jsondata " > </ div >
    </ form >
</ body >
</ html >
```

● 服务器端程序 ex6_ 3. php 代码如下：

```
<? php
    header ( " Content – Type : text/html; charset = utf – 8 " ) ; //设置页面显示的文字编码
    //建立与数据库的连接
    $ db_ name = " demoDB " ;        //选择要使用的数据库 demoDB
    $ user = " root " ;              //数据库用户名
    $ password = " " ;               //数据库用户密码
    $ host = " localhost " ;         //MySQL 服务器主机地址
    $ dsn = " mysql:host = $ host;dbname = $ db_name " ;        //设置数据源
    try {
        $ con = new PDO ( $ dsn, $ user, $ password ) ;        //创建连接数据库的 PDO 对象
    } catch ( Exception $ e ) {    }
    $ con –> query ( " set names utf8 " ) ;// 设置数据库的编码方式
    //接收数据并写入数据库
```

```
if ( $_ SERVER ['REQUEST_ METHOD'] == 'POST')
{
    $ fsid = $_ POST ['fsid'];
    $ username = $_ POST ['username'];        接收前端提交的数据
    $ femail = $_ POST ['femail'];
    $ sql = " insert into user( sid, name, email)
        values ('".  $ fsid." ', '".  $ username." ', '".  $ femail." ' )";        写入数据库
    $ con  -> query ( $ sql);

//将数据返回页面
    $ dataArray = array(
        " fsid" => $ fsid,
        " username" => $ username,
        " femail" => $ femail);
    $ jsonStr = json_encode( $ dataArray);
    echo $ jsonStr;
}
? >
```

运行程序，从页面中输入数据，提交后，后台服务器端程序将数据写入数据库，并返回结果，如图 6.4 所示。

图 6.4　把数据写入数据库

6.2 网络在线记事本设计

6.2.1 首页界面设计

首页界面的设计比较简单，可以将屏幕分为上、下两部分，上半部分显示一张首页图片，

图片的下方则是栏目列表，如图6.5所示。

栏目一

栏目二

栏目三

图6.5　首页界面设计

【例6-4】　在线记事本首页程序设计。

```
< ! DOCTYPE html >
< html >
< head >
    < meta charset = " UTF - 8" >
    < meta name = " viewport"  content = " width = device - width，initial - scale = 1" / >
    < link   rel = " stylesheet"  href = " . . \jq\jquery. mobile. min. css" >
    < script src = " . . \jq\jquery - 1. 7. 1. min. js" > < /script >
    < script src = " . . \jq\jquery. mobile. min. js" > < /script >
    < script type = " text/javascript" >
    $（document）. ready（function（ ）
    {
        $ screen_width = $（window）. width（ ）；    //获取屏幕宽度
        $ pic_height = $ screen_width * （2/3）；    //设置图片的高度为屏幕宽度的2/3
        $ pic_height = $ pic_height + " px" ；
        $（" img" ）. width（" 100％" ）. height（ $ pic_height）；    设置图像的宽和高
    }）；
< /script >
< /head >
< body >
        < div data - role = " page"  id = " home" >
```

```
< div data – role = " header"    data – add – back – btn = " true"  >
    < h1 > 在线记事本 </ h1 >
</ div >
< div data – role = " content"  >
    < img src = " note. jpg"  width = " 70%"  height = " 70% ">
  < ul data – role = " listview"  data – inset = " true" >
    < li > < a href = " #" > 新建记事 </ a > </ li >
    < li > < a href = " #" > 所有笔记 </ a > </ li >
    < li > < a href = " #" > 办事列表 </ a > </ li >
  </ ul >
</ div >
< div data – role = " footer" >
    < h4 > 页脚栏 </ h4 >
</ div >
</ div >
</ body >
</ html >
```

程序运行结果如图 6.6 所示。

图 6.6 记事本首页

6.2.2 记事列表的界面设计

在线记事本列出所有记事列表项的界面设计，采用在屏幕上滑动翻页的切换方式，如图 6.7 所示。

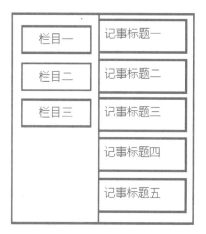

图 6.7 滑动切换页面

【例 6 - 5 】 在线记事本所有记事列表的程序设计。

```
< html >
< head >
    < meta charset = " UTF - 8" >
    < meta name = " viewport"  content = " width = device - width，initial - scale = 1" / >
    < link  rel = " stylesheet"  href = ". . \jq\jquery. mobile. min. css" >
    < script src = ". . \jq\jquery - 1. 7. 1. min. js" > < /script >
    < script src = ". . \jq\jquery. mobile. min. js" > < /script >
< script >
    $ ( " #mypanel" ). trigger( " updatelayout" ) ;          声明面板 "#mypanel"
< /script >
< script type = " text/javascript" >
    $ (document) . ready (function( ) {
        $ (" div" ). bind(" swiperight"，function(event) {          设置可以向右滑动，滑动后
            $ ( " #mypanel" ). panel( " open" ) ;          显示 "#mypanel" 面板
        }) ;
    }) ;
< /script >
< /head >
< body >
    < div data - role = " page"  data - theme = " c" >
        < div data - role = " panel"  id = " mypanel"  data - theme = " a" >
            < ul data - role = " listview"  data - inset = " true"  data - theme = " a" >
                <li > < a href = " #" >新建记事 </a > < /li >
                <li > < a href = " #" >所有笔记 </a > < /li >
```

```
        <li > <a href = " #" > 办事列表 </a > </li >
      </ul >
    </div >
    <div data – role = " content" >
      <ul data – role = " listview"  data – inset = " true" >
        <li > <a href = " #" > 记事 1 </a > </li >
        <li > <a href = " #" > 记事 2 </a > </li >
        <li > <a href = " #" > 记事 3 </a > </li >
        <li > <a href = " #" > 记事 4 </a > </li >
        <li > <a href = " #" > 记事 5 </a > </li >
        <li > <a href = " #" > 记事 6 </a > </li >
        <li > <a href = " #" > 记事 7 </a > </li >
        <li > <a href = " #" > 记事 8 </a > </li >
        <li > <a href = " #" > 记事 9 </a > </li >
        <li > <a href = " #" > 记事 10 </a > </li >
      </ul >
    </div >
  </div >
</body >
</html >
```

程序运行结果如图 6.8 所示。

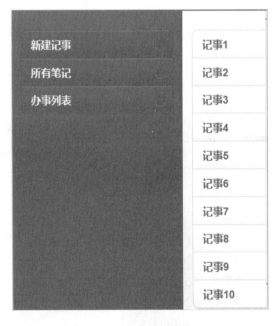

图6.8　记事列表的滑动切换

6.2.3 记事内容显示页的界面设计

记事本的记事内容页的界面设计如图 6.9 所示。

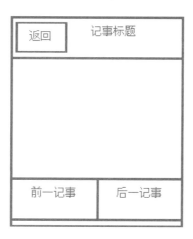

图 6.9　记事内容显示页的界面

【例 6－6】 在线记事本记事内容显示页的程序设计。

```
< html >
< head >
    < meta charset = " UTF – 8" >
    < meta name = " viewport"  content = " width = device – width, initial – scale = 1" / >
    < link   rel = " stylesheet"  href = " . . \jq\jquery. mobile. min. css" >
    < script src = " . . \jq\jquery – 1. 7. 1. min. js" > < / script >
    < script src = " . . \jq\jquery. mobile. min. js" > < / script >


< script >
    $ ( " #mypanel"  ). trigger( " updatelayout"  ) ;
< / script >
< script type = " text/javascript" >
    $  ( document)  . ready  ( function( ) {
        $ ( " div" ). bind( " swiperight" , function( event) {
            $  ( " #mypanel" ). panel( " open"  ) ;
        }) ;
    }) ;
< / script >
< / head >
< body >
    < div data – role = " page"  data – theme = " c" >
```

> 设置可以向右滑动，滑动后
> 显示#mypanel 面板

```
< div data – role = " panel"  id = " mypanel"  data – theme = " a">
    < ul data – role = " listview"  data – inset = " true"  data – theme = " a">
        < li > < a href = " #" > 记事 1 </a > </li >
        < li > < a href = " #" >记事 2 </a > </li >
        < li > < a href = " #" >记事 3 </a > </li >
        < li > < a href = " #" >记事 4 </a > </li >
        < li > < a href = " #" >记事 5 </a > </li >
        < li > < a href = " #" >记事 6 </a > </li >
        < li > < a href = " #" >记事 7 </a > </li >
        < li > < a href = " #" >记事 8 </a > </li >
        < li > < a href = " #" >记事 9 </a > </li >
        < li > < a href = " #" >记事 10 </a > </li >
    </ ul >
</ div >
< div data – role = " header"  data – position = " fixed"  data – theme = " c">
    < a href = " #"  data – icon = " back">返回 </a >
    <h1 >书摘：年轻时的钱钟书 </h1 >
</ div >
< div data – role = " content">
    < h4 style = " text – align:center;" > < small >用户:灯下读书人 < br / >
        编辑日期：2017/7/18 21：27 </small > </h4 >
```
　　世间有一种人外表温软，但内心实则十分强悍，钱钟书即是一例。钱钟书字默存，据说，是因为他小时候口无遮拦、常得罪人，为此父亲钱基博特地为他改字"默存"，意思是告诫他缄默无言、存念于心。钱钟书表面看着是一个谦虚、温和的人，其实不然，他骨子里有传统士人的那种倔强与狂狷。
```
</ div >
< div data – role = " footer"  data – position = " fixed"  data – theme = " c">
    < div data – role = " navbar">
        < ul >
        < li > < a id = " chat"  href = " #"  data – icon = " arrow – l">前一记事 </a > </li >
        < li > < a id = " email"  href = " #"  data – icon = " arrow – r">后一记事 </a > </li >
        </ ul >
    </ div >
    </ div >
</ div >
</ body >
</ html >
```
　　程序运行结果如图 6.10 所示。

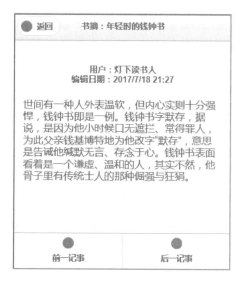 

图 6.10　记事本的记事内容显示页的运行结果

6.2.4 数据库设计与连接

1. 创建数据库

创建一个 MySQL 数据库，设数据库名称为 demoDB，记事本的数据表为 notes，其数据表的结构如表 6.2 所示。

表 6.2　记事本数据表 notes 的结构

字　　段	类　　型	长　　度	注　　释
sid	INT	5	编号
title	VARCHAR	20	标题
user	VARCHAR	10	用户
content	TEXT	500	内容
date	DATE	20	日期

创建 MySQL 数据库的新表，如图 6.11 所示。

— 在数据库 **zsmdb** 中创建一个新表 —

名字：notes　　　　　　　　Number of fields：5

执行

图 6.11　创建新表 notes

编写数据表 notes 的结构，如图 6.12 所示。

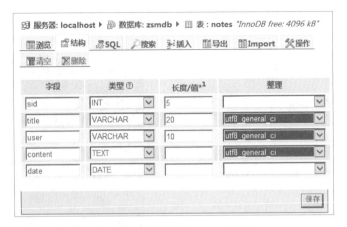

图 6.12　编写数据表 notes 的结构

在数据表 notes 中插入数据，如图 6.13 所示。

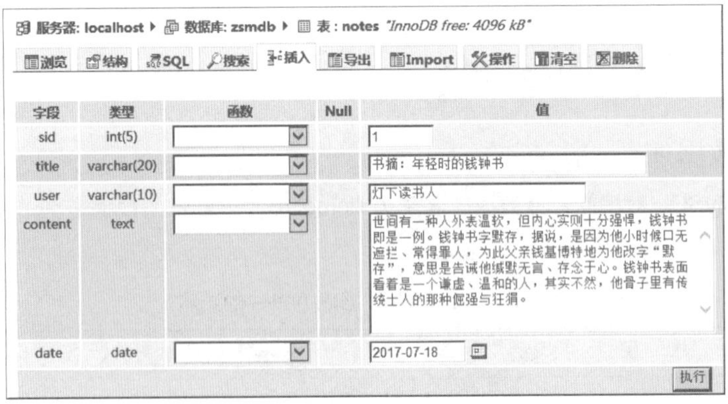

图 6.13　在数据表中插入数据

2. 连接数据库

下面编写一个读取保存在数据库中的记事内容的 PHP 程序。根据例 6−1，将其改写为读取记事内容的程序。

【例 6−7】　连接数据库，读取记事内容。

```
< ! DOCTYPE html >
< html >
< head >
< meta http − equiv = " Content − Type"  content = " text/html; charset = utf − 8" / >
< meta name = " viewport"  content = " width = device − width，initial − scale = 1" >
< /head >
< body >
    < ? php
        $ db_ name = " demoDB" ;     //选择要使用的数据库 demoDB
        $ user = " root" ;              //数据库用户名
```

```
$ password = " " ;                    //数据库用户密码
$ host = " localhost " ;              //MySQL 服务器主机地址
$ dsn = " mysql:host = $ host;dbname = $ db_name" ;    //设置数据源
try {
    $ con = new PDO( $ dsn, $ user, $ password) ;        //创建连接数据库的 PDO 对象
} catch ( Exception $ e) {  }
$ con -> query( " set names utf8" ) ;                  //设置数据库的编码方式
if( ! $ con)
{
    echo " failed connect to database" ;              //如果连接失败则输出信息
} else
{
    echo " succeed connect to database" ;            //连接成功
    echo " </br>" ;
    $ result = $ con -> query( " SELECT * FROM notes" ) ;
    foreach( $ result as $ row)
    {
        echo " sid == >" ;         //输出记事编号
        echo $ row [ 'sid'] ;
        echo " </br>" ;

        echo " 标题 == >" ;        //输出记事标题
        echo $ row [ 'title'] ;
        echo " </br>" ;

        echo " 用户 == >" ;        //输出用户名
        echo $ row [ 'user'] ;
        echo " </br>" ;

        echo " 内容 == >" ;        //输出记事内容
        echo $ row [ 'content'] ;
        echo " </br>" ;
        echo " 日期 == >" ;        //输出记事日期
        echo $ row [ 'date'] ;
        echo " </br>" ;
    }
}
? >
</body>
</html>
```

程序运行结果如图 6.14 所示。

```
succeed connect to database

sid ==>1
标题 ==>书摘：年轻时的钱钟书
用户 ==>灯下读书人
内容 ==>世间有一种人外表温软，但内心实则十分强悍，钱钟书
即是一例。钱钟书字默存，据说，是因为他小时候口无遮拦、常
得罪人，为此父亲钱基博特地为他改字"默存"，意思是告诫他缄
默无言、存念于心。钱钟书表面看着是一个谦虚、温和的人，其
实不然，他骨子里有传统士人的那种倔强与狂狷。
日期 ==>2017-07-18
```

图 6.14　服务器端连接数据库的程序运行结果

6.2.5　从数据库中读取记事内容

记事本的记事内容存放在数据库中，需要从数据库中读取记事本的记事内容。

【例 6-8】　修改例 6-6，从数据库中读取记事本的记事内容。

● 页面程序：

```html
<! DOCTYPE html >
< html >
< head >
    < meta http - equiv = " Content - Type" content = " text/html; charset = utf - 8" / >
    < meta name = " viewport"  content = " width = device - width, initial - scale = 1" / >
    < meta name = " viewport"  content = " width = device - width, initial - scale = 1" >
    < link   rel = " stylesheet"  href = ".. \jq\jquery. mobile - 1. 4. 5. min. css" >
    < script src = ".. \jq\jquery - 1. 7. 1. min. js" > </script >
    < script src = ".. \jq\jquery. mobile - 1. 4. 5. min. js" > </script >
    < script src = " http://localhost/test/ex6_8. php" > </script >
< script >
    $ ( " #mypanel" ). trigger( " updatelayout" ) ;
</script >
< script type = " text/javascript" >
    $ ( document) . ready ( function( ) {
        $ (" div" ). bind(" swiperight" , function( event) {
            $ ( " #mypanel" ). panel( " open" ) ;     定义向右滑动翻屏
        }) ;
    }) ;
    function myAjax( ) {
        var strTITLE = " " ;       定义的屏幕上显示的内容变量
        var strHTML = " " ;
        strTITLE += '< ul data - role = " listview"  data - inset = " true"  data - theme = " a" >';
        for ( i = 0;    i < json. length; i ++ ) {
        strTITLE += '< li > < a href = " #" >';
        strTITLE += json [ i] . title;        在向右滑动面板中显示的内容
        strTITLE += '</a > </li >';
```

```
        strHTML += '< h4 style = " text － align：center；" > < small > 用户：';
        strHTML += json［i］. user；
        strHTML += '< br/ > 编辑日期：';
        strHTML += json［i］. date；
        strHTML += '</ small > </ h4 > < br/ >';

        strHTML += '< table  cellspacing = " 0 " width = " 100% " >';
        strHTML += '< tr > < B > < td width = " 10% " > 记事标题 </ td > < td >';
        strHTML += json［i］. title；
        strHTML += '</ td > </ B > </ tr >';
        strHTML += '</ table > < table >';
        strHTML += '< tr > < td width = " 10% " > 记事内容 </ td > < td >';
        strHTML += json［i］. content；
        strHTML += '</ td > </ tr >';
        strHTML += '</ table >';
      }
        strTITLE += '</ ul >';
      $ ( " #jsontitle" ) . html ( strTITLE )；
      $ ( " #jsondata" ) . html ( strHTML )；
```

> 在 **id** 指定的区域块内显示数据

```
    }
</ script >
</ head >
< body  onload = " myAjax ( ) ;" >
    < div data － role = " page" data － theme = " c" >
        < div data － role = " panel" id = " mypanel" data － theme = " a" >
            < ul data － role = " listview" data － inset = " true" data － theme = " a" >
                < li > < a href = " #" > 记事 1 </ a > </ li >
                < li > < a href = " #" > 记事 2 </ a > </ li >
                < li > < a href = " #" > 记事 3 </ a > </ li >
                < li > < a href = " #" > 记事 4 </ a > </ li >
                < li > < a href = " #" > 记事 5 </ a > </ li >
            </ ul >
                < div id = " jsontitle" > </ div >
        </ div >
        < div data － role = " header" data － position = " fixed" data － theme = " c" >
            < a href = " #" data － icon = " back" > 返回 </ a >
            < h3 > < small > 记事详细内容 </ small > </ h3 >
        </ div >
        < div data － role = " content" >
```

```
                    < div id = " jsondata" > </div >
            </div >
            < div data – role = " footer"  data – position = " fixed"  data – theme = " c" >
               < div data – role = " navbar" >
                 < ul >
                     < li > < a id = " chat"  href = " #"  data – icon = " arrow – l">前一记事 </a > </li >
                     < li > < a id = " email"  href = " #"  data – icon = " arrow – r">后一记事 </a > </li >
                 </ul >
               </div >
            </div >
          </div >
    </body >
    </html >
```

● 连接数据库的后台 PHP 程序 ex6_ 8. php：

```
<? php
        $ db_name = " demoDB" ;      //选择要使用的数据库 demoDB
        $ user = " root" ;            //数据库用户名
        $ password = " " ;           //数据库用户密码
        $ host = " localhost" ;       //MySQL 服务器主机地址
        $ dsn = " mysql:host = $ host;dbname = $ db_name" ;     //设置数据源
        try{
           $ con = new PDO( $ dsn, $ user, $ password) ;        //创建连接数据库的 PDO 对象
        }catch( Exception $ e) {    }
        $ con –> query(" set names utf8" ) ;                    //设置数据库的编码方式
        if( $ con)
        {
           $ query  = " SELECT ∗ FROM notes" ;
           $ result = $ con –> query( $ query) ;      // 执行查询操作
           $ i = 0 ;       // 用来判断是否为第一条数据
           foreach( $ result as  $ row)
           {
               if( $ i ! = 0)     //如果是第一条数据，则在数据前不显示逗号分隔符
               {
                   echo " ," ;
               } else
               {
                   $ i = 1 ;
               }
               echo ' { " ';
               echo 'sid" : ';
               echo '" ';
               echo $ row  ['sid'] ;
```

```
echo '", ';
echo '" ';
echo 'title" : ';              //输出记事标题
echo '" ';
echo $ row ['title'];
echo '", ';
echo '" ';
echo 'user" : ';               //输出用户名
echo '" ';
echo $ row ['user'];
echo '", ';
echo '" ';
echo 'content" : ';            //输出文章内容
echo '" ';
echo $ row ['content'];
echo '", ';
echo '" ';
echo 'date" : ';               //输出文章发表日期
echo '" ';
echo $ row ['date'];
echo '" } ';
    }
}
echo " ]";
? >
```

程序运行结果如图 6.15 所示。

图 6.15　从数据库中读取记事本的记事内容

6.2.6 从数据库中读取记事标题列表

记事本的记事标题存放在数据库，需要从数据库中读取记事本的记事标题。

【例 6 − 9】 修改例 6 − 5，从数据库中读取记事本的记事标题。

● 页面程序：

```
< html >
< head >
    < meta charset = " UTF − 8">
    < meta name = " viewport"  content = " width = device − width, initial − scale = 1" / >
    < link  rel = " stylesheet"  href = " . . \jq\jquery. mobile. min. css">
    < script src = " . . \jq\jquery − 1. 7. 1. min. js"> </script >
    < script src = " . . \jq\jquery. mobile. min. js"> </script >
    < script src = " http://localhost/test/ex6_9. php"> </script >
< script >
    $ ( " #mypanel"  ). trigger( " updatelayout" );
</script >
< script type = " text/javascript">
    $ ( document ). ready( function( ) {
        $ ( " div" ). bind( " swiperight", function( event) {
            $ ( " #mypanel" ). panel( " open" );
        } );
    } );
    function myAjax( ) {
        var strTITLE = " ";
        var strHTML = " ";
        strTITLE += '< ul data − role = " listview" data − inset = " true" data − theme = " a">';
        for ( i = 0;  i < json. length; i++ ) {
            strTITLE += '< li > < a target = "_self" href = " ex6_8. html? sid = ';
            strTITLE += json[ i]. sid + ' ">';
            strTITLE += json[ i]. title;
            strTITLE += '</a > </li >';
        }
        strTITLE += '</ul >';
        $ ( " #jsontitle" ) . html ( strTITLE );
    }
</script >
</head >
< body  onload = " myAjax( );" >
    < div data − role = " page" data − theme = " c">
```

```
            < div data – role = " panel"  id = " mypanel"  data – theme = " a" >
                < ul data – role = " listview"  data – inset = " true"  data – theme = " a" >
                    < li > < a href = " #" >新建记事 </a > </li >
                    < li > < a href = " #" >所有笔记 </a > </li >
                    < li > < a href = " #" >办事列表 </a > </li >
                </ul >
            </div >
            < div data – role = " content" >
                < div id = " jsontitle"  class = " " > </div >
            </div >
        </div >
    </body >
    </html >
```

- 连接数据库的后台 PHP 程序 ex6_ 9. php：

```
<? php
    $ sid = 1；    // sid = $ _GET [ " sid" ]；
    $ db_name = " demoDB " ；
    $ user = " root" ；
    $ password = " " ；
    $ host = " localhost" ；
    $ dsn = " mysql：host = $ host；dbname = $ db_name" ；        连接数据库
    try{
        $ con = new PDO( $ dsn, $ user, $ password)；
    }catch( Exception $ e) {    }
    $ con –> query( " set names utf8" )；
    echo " var json = [ " ；
    if( $ con )
    {
        $ query  = " SELECT  *  FROM notes WHERE sid = $ sid" ；
        $ result  =  $ con –> query( $ query)；        // 执行查询操作
        $ i = 0；        // 用来判断是否为第一条数据
      foreach( $ result as  $ row)
      {
          if( $ i！= 0)// 如果是第一条数据,则在数据前不显示逗号分隔符
          {
              echo " ," ；
          } else
          {
              $ i = 1；
          }
```

```
        echo ' { " ';
        echo 'sid" : ';
        echo '" ';
        echo $ row ['sid'];
        echo '" , ';
        echo '" ';
        echo 'title" : ';        //输出记事标题
        echo '" ';
        echo $ row ['title'];
        echo '" } ';
    }
}
        echo " ]" ;
? >
```

6.2.7 新建记事内容写入数据库

新建记事时，需要把记事内容写入到数据库中。

【例 6 – 10】 新建记事，把记事内容写入数据库。

● 页面程序：

```
< html >
< head >
    < meta charset = " UTF – 8" >
    < meta name = " viewport" content = " width = device – width, initial – scale = 1" / >
    < link  rel = " stylesheet" href = " . . \jq\jquery. mobile. min. css" >
    < script src = " . . \jq\jquery – 1. 7. 1. min. js" > < /script >
    < script src = " . . \jq\jquery. mobile. min. js" > < /script >
< script >
$  ( document)  . ready  ( function( ) {
    $ ( " #button" ) . click( function( ) {
        $ . post  (
            " http://localhost/test/ex6_10. php " ,
            $ ( " #testForm" )  . serialize( ) , //序列化 form 元素
                function  ( data)  {
                    $ ( " #jsondata" ). html( " 编号:" + data. sid
                        + " < br/ >标题:" + data. title          用 $ . post( )方法提交数据
                        + " < br/ >记事内容:" + data. content
                        + " < br/ >用户名:" + data. user
                        + " < br/ >日期:" + data. date) ;
                },
                " json" ) ;
```

```
            });
        });
    </script>
</head>
<body>
    <form id = "testForm" method = "post" action = "">
     <center>
     <h3 > 新建记事 </h3 >
     序号：< input type = "text" data – role = "none" name = "sid" / > </br >
     记事标题：< input type = "text" name = "title" / > </br >
     记事内容：< textarea name = "content" id = "" rows = "20" cols = "30"> </textarea > </br >
     用户名：< input type = "text" data – role = "none" name = "user" / > </br >
     记事日期：< input type = "text" data – role = "none" name = "date" / > </br >
       < input type = "button"  id = "button" value = "提交" / > < br/ > </center >
     < div id = "jsondata" > </div >
    </form >
</body >
</html >
```

● 连接数据库的后台 PHP 程序 ex6_ 10. php：

```
<? php
    header("Content – Type：text/html；charset = utf8");
    $ db_name = "demoDB";
    $ user = "root";
    $ password = "";
    $ host = "localhost";
    $ dsn = "mysql：host = $ host；dbname = $ db_name";          连接数据库
    try{
        $ con = new PDO( $ dsn, $ user, $ password);
    }catch(Exception $ e){    }
    $ con -> query("set names utf8");
    if ( $ _ SERVER ['REQUEST_ METHOD'] == 'POST')
    {
    $ sid = $ _ POST ['sid'];
    $ title = $ _ POST ['title'];
    $ content = $ _ POST ['content'];              接收表单提交的数据
    $ user = $ _ POST ['user'];
    $ date = $ _ POST ['date'];
    $ sql = "insert into notes (sid, title, content, user, date)
        values('" . $ sid. "', '" . $ title. "', '" . $ content. "',
            '" . $ user." ', '" . $ date." ')";              写入数据库
        $ con -> query( $ sql);
```

```
$ dataArray = array (
    " sid"  =>  $ sid,
    " user"  =>  $ user,
    " title"  =>  $ title,
    " content"  =>  $ content,
    " date"  =>  $ date
);
$ jsonStr = json_ encode ( $ dataArray);
echo $ jsonStr;
}
? >
```

构建 JSON 数组

将 JSON 数组转换为字符串

程序运行结果如图 6.16 所示。

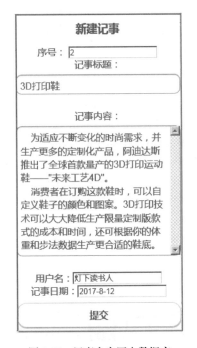

图 6.16　记事内容写入数据库

 习题

1. 编写一个"学生成绩管理 APP",具有连接网络后台数据库,浏览学生成绩的功能。

2. 编写一个"学生成绩管理 APP",具有连接网络后台数据库,输入学生信息及学生成绩的功能。

3. 进一步完善"网络在线记事本",完成"前一记事""后一记事"按钮的翻页切换功能。

第 7 章　PhoneGap 构建跨平台手机 APP

本章主要介绍应用 PhoneGap 技术，编写跨平台手机 APP 的应用程序框架，把 Web 前端程序包装成一个跨平台的手机 APP 应用程序。

7.1 PhoneGap 跨平台应用框架简介

1. PhoneGap 简介

PhoneGap 是应用混合模式 APP（Hybrid APP）编写跨平台手机 APP 的应用程序框架。通过 PhoneGap，可以使用 HTML 5、CSS 及 jQuery Mobile 技术开发移动跨平台移动应用程序。

PhoneGap 目前支持的操作系统包含：苹果的 iOS、谷歌的 Android、RIM 的 Blackberry、惠普的 WebOS、微软的 Windows Phone、塞班公司的 Symbian，以及三星的 bada 等。

2. PhoneGap 的优势

PhoneGap 具有以下优势：

（1）可跨平台

PhoneGap 是一种真正意义的跨平台移动开发技术，用其开发的产品，可以在 iOS、Android、Windows phone 等手机上运行。

（2）易用性，基于标准的 Web 开发技术

PhoneGap 是基于标准 Web 开发的应用技术，使用方便，简单易用。

（3）提供硬件访问控制 API

PhoneGap 提供了大量硬件访问控制的 API，可以直接访问和控制底层硬件。例如，可以访问和控制声卡和显卡，可以访问和控制传感等。

（4）可利用成熟 JavaScript 框架

PhoneGap 大量使用 HTML 5、JavaScript、jQuery Mobile 等成熟技术，可以大大缩短应用项目的开发周期，节约时间成本。

（5）可方便地安装和使用

由于 PhoneGap 使用的是成熟的 Web 开发技术，安装和使用简单方便。

7.2 PhoneGap 的开发和测试环境的搭建

1. 下载并安装 Node. js

创建 PhoneGap 的开发测试环境，需要首先下载并安装 Node. js。Node. js 的官方网址：https：//nodejs. org，其下载页面如图 7.1 所示。

图 7.1　Node. js 官方网站下载页面

运行下载的 Node. js 安装程序 node - v4. 2. 4 - x86. msi，node 安装完成后，则可以进行 PhoneGap 程序的安装。

2. 安装 PhoneGap

Node. js 安装完成后，在 Windows 操作系统的"开始"菜单中，选择 Node. js command prompt 命令（见图7.2），则可以打开 Node 的命令窗口。

图 7.2　选择 Node. js command prompt 命令

在 Node 的命令窗口，输入下列命令：

npm　install　-g　phonegap

执行 npm 命令后，运行结果如图7.3 所示。

图 7.3　执行 **npm** 命令的结果

从图 7.3 可以看到，PhoneGap 被自动安装到 C：\ Documents and Settings \ Administrator \ APPlication Data \ npm \ 目录，以及 C：\ Documents and Settings \ Administrator \ APPlication Data \ npm \ node_ modules \ phonegap 目录之下。

7.3　生成 PhoneGap 应用项目框架

7.3.1　开发 PhoneGap 应用项目的一般过程

开发 PhoneGap 应用项目的一般过程如图 7.4 所示。

图 7.4　开发 **PhoneGap** 应用项目的一般过程

7.3.2　生成 PhoneGap 应用项目框架结构

下面通过一个示例说明创建 PhoneGap 应用项目的方法和步骤。

【例 7−1】 创建一个名为 Ex1 的应用项目，并调用模拟器运行程序。

①创建应用项目 Ex1：在"开始"菜单中选择"Node. js commnad prompt 命令，打开 Node 窗口，输入创建 Phonegap 应用项目命令：

phonegap　create　Ex1

则系统自动生成一个名为 Ex1 的 PhoneGap 应用项目框架，其结构如图 7.5 所示。

图 7.5　系统自动生成的 **PhoneGap** 应用项目框架结构

②编译 Android 平台：

● 首先进入到 Ex1 应用项目中，使用文本编辑器修改 www 目录下的 index. html 文件，进入到 Ex1 项目中的命令为：

cd　Ex1

● 将 WWW 目录下的所有文件编译为 Android 平台下的执行程序，其命令为：

phonegap　compile　android

● 调用模拟器运行程序。首次运行程序前要打开 Android 模拟器，其命令为：

phonegap　emulate　android

● 编译并运行程序。如果 Android 模拟器已经运行，则使用下列命令编译并运行程序：

phonegap　run　android

以后修改了源程序，则不必关闭模拟器，直接使用该命令编译并运行程序。程序运行结果如图 7.6 所示。

图 7.6　在模拟器上显示程序运行结果

7.4　编写 PhoneGap 应用程序

在 PhoneGap 系统自动生成一个应用项目框架结构之后，就可以在其基础上编写用户应用程序。

【例 7 - 2】　修改例 7 - 1 创建的应用项目，使其显示"手机 APP"，并调用模拟器运行程序。

下面详细叙述在例 7 - 1 已经创建应用项目框架的基础上，编写用户自己的应用程序的方法。

● 在 PhoneGap 系统自动生成的应用项目 Ex1 目录中，进入 www 子目录，删除由系统自动生成的原 index. html 文件。

● 编写用户自己的 index. html 程序，其代码如下：

```
<！DOCTYPE html >
< html >
< head >
    < meta charset = " utf - 8" / >
</ head >
< body >
    < h1 > 手机 APP 设计 </ h1 >
</ body >
</ html >
```

● 将文件保存为"utf - 8"编码格式的 index. html，并保存到应用项目 Ex1 目录下的 www 目录中。

● 执行编译和运行程序的命令：

phonegap　run　android

在例 7 - 1 运行的模拟器没有关闭的前提下使用该命令，若已经关闭了模拟器，则需要先执行打开模拟器的命令。

程序运行结果如图 7.7 所示。

图 7.7　在模拟器上显示用户自己的应用程序

【例 7 - 3】 在例 7 - 1 创建的应用项目中，继续编写用户应用程序，使其显示一幅图片，并调用模拟器运行程序。

其编写步骤如下：

● 将图片文件 dukou. jpg 复制到 www/img 目录下。

● 修改 index. html 文件，其代码如下：

```
< ! DOCTYPE html >
< html >
< head >
        < meta charset = " utf - 8" / >
< /head >
< body >
        < h1 > 手机 APP 设计 < /h1 >
< /body >
  < div >
        < img src = " img/dukou. jpg" / > < br/ >
        < p > 渡口 < /p >
  < /div >
< /html >
```

● 执行编译和运行程序的命令：

phonegap   run   android

程序运行结果如图 7.8 所示。

图 7.8 在模拟器上显示图片

在应用项目目录下的 \ platforms \ android \ build \ outputs \ apk 目录下，可以看到文件 android - debug. apk，将其下载到手机上，则可以在真实手机上运行程序，如图 7.9 所示。

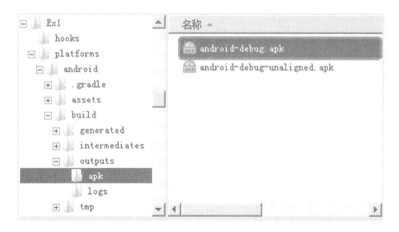

图 7.9　下载 apk 文件到手机上运行

本书前面所讲述的所有章节内容，均能在 PhoneGap 下生成跨平台的手机 APP，只需将相关文件保存到项目的 www 目录之下，并替换 index.thml，具体示例这里就不再赘述，有兴趣的读者，请自行验证。

7.5　手机 APP 应用实例：今早新闻

7.5.1　项目框架设计

1. "今早新闻" 栏目设计

共设有 4 个栏目：今早头条、社会热点、财经新闻、体育新闻。

2. 项目整体框架设计

由于新闻栏目没有必要加入许多用户的交互操作，本项目只需要实现几个静态的 HTML 页面即可。为了减少页面之间切换的时间，本项目采用一个文件多个页面的结构形式。

【例 7 - 4】 编写 "今早新闻" 项目整体框架程序。

```html
<! DOCTYPE html >
< html >
< head >
    < meta charset = " utf - 8" >
    < link rel = " stylesheet"  type = " text/css"  href = " css/jquery. mobile. min. css" >
    < link rel = " stylesheet"  type = " text/css"  href = " css/index. css" >
    < script type = " text/javascript"  src = " js/jquery. js" > </ script >
    < script type = " text/javascript"  src = " js/jquery. mobile. min. js" > </ script >
</ head >
< body >
```

```
< div id = " homePage"  data – role = " page">
    < div id = " header"  data – role = " header">
        < a href = " #homePage"  data – icon = " home">返回首页 </a > </li >
        <h1 > 今早新闻 </h1 >
    </div >
    < div data – role = " content">
        < div id = " navbar"  data – role = " navbar">
            < ul >
                < li > < a href = " #toutiaoPage">头条 </a > </li >
                < li > < a href = " #shehuiPage">社会 </a > </li >
                < li > < a href = " #chaijingPage">财经 </a > </li >
                < li > < a href = " #tiyuPage">体育 </a > </li >
            </ul >
        </div >
    </div >
        < div data – role = " footer"  data – position = " fixed">
            < div data – role = " navbar">
                < ul >
                    < li > < a href = " #toutiaoPage"  data – icon = " home">今早头条 </a > </li >
                    < li > < a href = " #shehuiPage"  data – icon = " user">社会热点 </a > </li >
                    < li > < a href = " #chaijingPage"  data – icon = " phone">财经新闻 </a > </li >
                    < li > < a href = " #tiyuPage"  data – icon = " mail">体育新闻 </a > </li >
                </ul >
            </div >
        </div >
</div >
< div id = " toutiaoPage"  data – role = " page">
</div >
< div id = " shehuiPage"  data – role = " page">
</div >
< div id = " chaijingPage"  data – role = " page">
</div >
< div id = " tiyuPage"  data – role = " page">
</div >
</body >
</html >
```

多页面结构

程序运行结果如图 7.10 所示。

图 7.10　程序整体框架

7.5.2 主界面设计

【例 7 – 5】 编写"今早新闻"的主界面程序。

多页面结构的 homePage 页面为主界面，其布局如图 7.11 所示。

图 7.11　主界面的布局设计

把内容栏分为"新闻图片"和"栏目"两部分，其中内容栏的高度为屏幕窗体减去标题栏的高度及页脚栏的高度。

屏幕窗体的高度为：$(window).height()$。

标题栏的高度为：$("div[data – role = header]").height()$。

页脚栏的高度为：$("div[data – role = footer]").height()$。

设内容栏的高度为 $body\_height$，则

$body\_height = (window).height() – top\_height – bottom\_height;$

设"新闻图片"区域与"栏目"区域平分内容栏区域，再设"新闻图片"区域的高度为 pic_height，则：

$pic\_height = body\_height / 2;$

由于区域高度 height( ) 的参数是一个 px 结尾的字符串，因此

$pic\_height = pic\_height + "px";$

同理，"栏目"区域的高度为：

$body\_height = body\_height/2;$

$body\_height = body\_height + "px";$

主界面 homePage 程序代码如下：

```
<! DOCTYPE html >
< html >
< head >
```

```
<meta charset = "utf-8">
<link rel = "stylesheet" type = "text/css" href = "css/jquery. mobile. min. css">
<link rel = "stylesheet" type = "text/css" href = "css/index. css">
<script type = "text/javascript" src = "js/jquery. js"> </script>
<script type = "text/javascript" src = "js/jquery. mobile. min. js"> </script>
<script type = "text/javascript">
    //把内容栏区域分成"新闻图片"和"栏目色块"两部分
  $(document). ready(function()
  {
        $top_height = $("div [data-role = header]"). height();        //获取标题栏高度
        $bottom_height = $("div [data-role = footer]"). height();     //获取页脚栏高度
        //得到页面内容栏区域高度
        $body_height = $ (window). height() - $top_height - $bottom_height;

        $pic_height = $body_height/2;        //设置首页新闻图片的高度
        $pic_height = $pic_height + "px";
        //应用上述计算结果设置新闻图片的区域块位置
        $("div [data-role = home_img]"). width("100%"). height($pic_height);
        $body_height = $body_height/2;
        $body_height = $body_height + "px";
        //应用上述计算结果设置栏目颜色块的区域位置
        $("div [data-role = home_body]"). width("100%"). height($body_height);
  });
  </script>
<style type = "text/css">
    *{ margin：0px; padding：0px;}                    // 清除页面自带的间距
    . home_color1{ background-color：#ef9c00;}         // 设置色块颜色
    . home_color2{ background-color：#2ebf1b;}         // 设置色块颜色
    . home_color3{ background-color：#00aeef;}         // 设置色块颜色
    . home_color4{ background-color：#ed2b84;}         // 设置色块颜色
    . home_rec{ width：48%; height：49%; float：left; margin：1%;} // 设置色块间距
  </style>
</head>
<body>
<div id = "homePage" data-role = "page">
    <div id = "header" data-role = "header">
        <h1>今早新闻</h1>
    </div>
    <div data-role = "content">
        <div data-role = "home_img">
```

```
        < img src = " img/main. jpg"  width = " 100%"  height = " 100%" / >
    </div >
    < div data – role = " home_body" >
        < div class = " home_color1 home_rec" >
            < a href = " #toutiaoPage" >
            < img src = " img/icon_1. png"  width = " 100%"  height = " 100%" / > </a >
        </div >
        < div class = " home_olor2 home_rec" >
            < a href = " #shehuiPage" >
            < img src = " img/icon_2. png"  width = " 100%"  height = " 100%" / > </a >
        </div >
        < div class = " home_color3 home_rec" >
            < a href = " #chaijingPage" >
            < img src = " img/icon_3. png"  width = " 100%"  height = " 100%" / > </a >
        </div >
        < div class = " home_color4 home_rec" >
            < a href = " #tiyuPage" >
            < img src = " img/icon_4. png"  width = " 100%"  height = " 100%" / > </a >
        </div >
    </div >
</div >
    < div data – role = " footer"  data – position = " fixed" >
        < div data – role = " navbar" >
            < ul >
                < li > < a href = " #toutiaoPage"  data – icon = " home" >今早头条 </a > </li >
                < li > < a href = " #shehuiPage"  data – icon = " user" >社会热点 </a > </li >
                < li > < a href = " #chaijingPage"  data – icon = " phone" >财经新闻 </a > </li >
                < li > < a href = " #tiyuPage"  data – icon = " mail" >体育新闻 </a > </li >
            </ul >
        </div >
    </div >
</div >
</div >
< div id = " toutiaoPage"  data – role = " page" >
</div >
< div id = " shehuiPage"  data – role = " page" >
</div >                                          多页面结构的其他页面代码（略）
< div id = " chaijingPage"  data – role = " page" >
</div >
< div id = " tiyuPage"  data – role = " page" >
</div >
```

```
</body >
</html >
```

程序运行结果如图 7.12 所示。

图 7.12　主界面布局设计

7.5.3 "今早头条" 新闻栏页面设计

【例 7 - 6】 编写 "今早头条" 新闻栏的页面程序。

每条新闻采用可折叠内容组件形式，以便显示更多内容。

为节省篇幅，下面仅列出 "今日头条" 栏目所在的页面代码，其他代码省略。

```
<！DOCTYPE html >

< html >

< head >
    ···                      头部代码参见例 7 - 5（略）
</head >

< body >
    < div id = " homePage"  data - role = " page" >
        ···                          主界面 homePage
                                      代码参见例 7 - 5（略）
    </div >
    < div id = " toutiaoPage"  data - role = " page" >
        < div id = " header"  data - role = " header" >
            < a href = " #homePage"  data - icon = " home" > 返回首页 </a > </li >
            < h1 > 今早新闻 </h1 >
        </div >
        < div data - role = " content" >
            < div id = " navbar"  data - role = " navbar" >
```

```
< ul >
    < li > < a href = " #toutiaoPage" >头条 </a > </li >
    < li > < a href = " #shehuiPage" >社会 </a > </li >
    < li > < a href = " #chaijingPage" >财经 </a > </li >
    < li > < a href = " #tiyuPage" >体育 </a > </li >
</ul >
</div >
< div id = " news" >
    < div data – role = " listView" >
        < div data – role = " collapsible" >
            < h4 >空气净化器 ZDC 成用户新宠 </h4 >
            < p > < span class = " summary" >在很多用户看来，空气质量还算不错的春
```
夏两季并不是空气净化类产品的热销季。的确，2017 年第一季度的空气净化器市场表现并不如秋冬两季那
般抢眼。不过中关村在线 ZDC 调研数据显示，随着越来越多用户对呼吸健康的进一步重视，空气净化产品
无论是销量还是关注比例都较往年同期有了明显的提升。 </span > </p >
```
        </div >
        < div data – role = " collapsible" >
            < h4 > < span class = " titile" >对室内污染物应随时注意 </span > </h4 >
            < p > < span class = " summary" >春夏两季天气较好，很多人便忽视了空气
```
中的污染物，其实除了常见的 PM2. 5、甲醛等室内污染物，空气中还有各种过敏原、细菌病毒等有害物
质，时刻威胁着家人的呼吸健康。即使是晴天，在室内也需开启空气净化器，以应对无处不在的污染物。
</span > </p >
```
        </div >
        < div data – role = " collapsible" >
            < h4 > < span class = " titile" >可燃冰真的是冰吗？ </span > </h4 >
            < p > < span class = " summary" >前不久国土资源部中国地质调查局在中国
```
南海宣布，我国正在南海北部神狐海域进行的可燃冰试采获得了成功，这也意味着我国成为全球第一个实
现在海域连续稳定开采可燃冰产气的国家。 </span > </p >
```
        </div >
    </div >
</div >
</div >
< div data – role = " footer"  data – position = " fixed" >
    < div data – role = " navbar" >
        < ul >
            < li > < a href = " #toutiaoPage"  data – icon = " home" >今早头条 </a > </li >
            < li > < a href = " #shehuiPage"  data – icon = " user" >社会热点 </a > </li >
            < li > < a href = " #chaijingPage"  data – icon = " phone" >财经新闻 </a > </li >
            < li > < a href = " #tiyuPage"  data – icon = " mail" >体育新闻 </a > </li >
        </ul >
```

```
        </div >
      </div >
    </div >
  < div id = " shehuiPage"  data – role = " page">
    </div >
  < div id = " chaijingPage"  data – role = " page">
    </div >
  < div id = " tiyuPage"  data – role = " page">
    </div >
  </body >
  </html >
```

多页面结构的其他页面代码（略）

图 7.13 是切换到"今早头条"栏目页面时的运行情况。

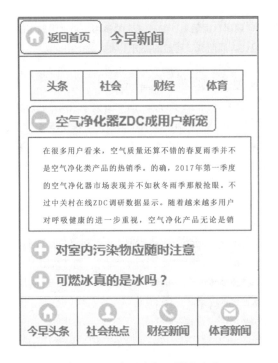

图 7.13   "今早头条"栏目页面

7.5.4 用 PhoneGap 封装成手机 APP

要将本项目用 PhoneGap 封装成手机 APP，其方法和步骤基本与例 7 –1、例 7 –2 相同。

1. 创建 PhoneGap 应用项目

设"今早新闻"的名称为 Ex_ news。

在"开始"菜单中选择 Node. js commnad prompt 命令，打开 Node 窗口，输入创建 Phonegap 应用项目命令：

phoneGap　create　Ex_ news

则 PhoneGap 系统自动创建应用项目"今早新闻"的目录 Ex_ news。

2. 替换系统创建的 index. html 及复制相关文件

将编写完整的"今早新闻"代码文件（参见例 7 –5、例 7 –6）命名为 index. html，进入应用项目"今早新闻"的目录 Ex_ news 后，用"今早新闻"代码文件 index. html 替换目录 Ex_ news\www 下系统创建的 index. html。

再将"今早新闻"代码文件 index. html 所需要的 jQuery. js、jQuery mobile. js 文件复制到 Ex_news\www\js 目录下，将 jQuery mobile. css 文件复制到 Ex_news\www\css 目录下，将图像文件复制到 Ex_news\www\img 目录下。

3. 编译并运行程序

执行编译并运行程序的命令：

phonegap　run　android

在模拟器没有关闭的前提下使用该命令，若已经关闭了模拟器，则需要先执行打开模拟器的命令：

phonegap　emulate　android

4. 把封装后的 APP 程序下载到手机上

在"今早新闻"应用项目 Ex_ news \ platforms \ android \ build \ outputs \ apk 目录下，可以看到文件 android – debug. apk，将其下载到手机上，则可以在真实手机上运行程序。

 习题

1. 用 PhoneGap 编写一个简单的个人简历应用程序，要求有说明文字、照片。

2. 创建一个手机版的"我的家乡"APP 程序，要求在屏幕下方有导航栏，通过导航栏的按钮实现各个栏目的跳转。

第 8 章　移动 Web 网站应用实例：在线试衣间

本章主要介绍移动 Web 的一个 jQuery 应用的综合实例。在该实例中把复杂的综合问题拆解成多个功能单一的较小例题，循序渐进地讲解应用前端的 jQuery 程序完成页面布局，调用后台数据库完成所选择衣服的价格计算等方法。

8.1　试衣间系统的核心功能

8.1.1　页面布局

首先，将在线试衣间系统简化为最简单的情形，只在页面上显示模特及衣服位置。

【例 8 - 1】试衣间系统页面布局。

在本例中定义了 3 个区域块：统计选择情况、模特、可选择的衣服。

```
<! DOCTYPE html >
< html >
< head >
    < meta charset = " UTF - 8" >
    < script type = " text/javascript" src = " . /jq/jquery - 3. 1. 1. min. js" > < /script >
    < style type = " text/css" >
        . man {position：relative；left：0px；top：0px；}
        . tongji {position：absolute；
            left：70px；
            top：200px；               设置"统计选择情况"模块样式
            display：block；}
        . list {position：relative；
            width：160px；
            height：620px；
            left：1000px；              设置"可选择的衣服"模块样式
            top：100px；
            display：block；}
        . sitemlist {position：absolute；
            left：10px；
            top：40px；
            width：160px；
            height：620px；            设置衣服列表样式
            display：block；
            overflow：hidden；}
```

```
        </style>
    </head>
    <body>
        <div class="tongji">    <!-- 定义统计选择情况 -->
            <h1 class="vintage" style="font-size:55px">在线试衣间</h1>
            <h1 class="vintage" style="font-size:24px">请选择你需要的服装</h1>
            <h2 class="vintage" style="font-size:24px">您没有选择 T 恤</h1>
            <h5 class="vintage" style="font-size:24px">总计为￥:0</h1>
        </div>
        <div class="man">    <!-- 定义模特 -->
            <img src="image/yinzi.png"; width="230px"; height="80px";
                style="position:absolute; left:490px; top:760px;">
            <img src="image/man.png"; style="position:absolute; left:500px; top:250px;">
            <img id="shangyi" src=""; style="position:absolute; left:500px; top:250px;">
            <img src="image/shangyi.png";
                style="position:absolute; left:930px; top:250px;">
            <img src="image/delete.png"; width="50px"; height="60px";
                style="position:absolute; left:935px; top:700px;">
        </div>
        <div class="list">    <!-- 定义可选衣服序列 -->
            <img src="image/list.png">
                <div class="sitemlist">
                    <img id="s1" src="image/s1m.jpg"; width="160px"; Title="短袖 T 恤 1";
                        height="240px"; style="cursor:pointer; position:relative;
                        left:0px; top:0px;">
                    <img id="s2" src="image/s2m.jpg"; width="160px"; Title="短袖 T 恤 2";
                        height="240px"; style="cursor:pointer; position:relative;
                        left:0px; top:0px;">
                    <img id="s3" src="image/s3m.jpg"; width="160px"; Title="短袖 T 恤 3";
                        height="240px"; style="cursor:pointer; position:relative;
                        left:0px; top:0px;">
                    <img id="s4" src="image/s4m.jpg"; width="160px"; Title="短袖 T 恤 4";
                        height="240px"; style="cursor:pointer; position:relative;
                        left:0px; top:0px;">
                    <img id="s5" src="image/s5m.jpg"; width="160px"; Title="短袖 T 恤 5";
                        height="240px"; style="cursor:pointer; position:relative;
                        left:0px; top:0px;">
                </div>
```

```
    </div>
</body>
</html>
```

将文件保存为 select_ 1. html，程序运行结果如图 8.1 所示。

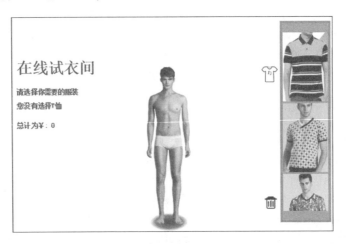

图8.1　在线试衣间系统界面布局

8.1.2 添加选择试衣功能

例 8 −1 中只是显示了可供选择的衣服，并没有试衣功能，下面添加试衣功能。

【例 8 −2】　添加选择试衣功能。

● 编写一个具有选择功能的 JavaScript 文件，将其保存为 select_ 2. js 文件。代码如下：

```
var map = { s1：'102', s2：'120', s3：'110', s4：'180', s5：'198'}；      //衣服编号及价格
var seletedshangyi = " null"；

function shiye（type，count）————  定义"试衣选择"功能函数
{
    var oImg = document. getElementById（type）；   //创建试衣对象
    var srcsring = " "；
    srcsring += " image/"；         ┐
    srcsring += count；             ├  构建图片路径
    srcsring += ". png"            ┘
    oImg. src = srcsring；   //把图片路径赋值给试衣对象，即为模特穿上衣服
    var str = " 您选择的 T 恤为："；
    str += document. getElementById（count）. title；
    str += " ￥:"
    str += map[ count]；
     $（'h2'）. html( str)；
```

```
        seletedshangyi = count；

        var price = 0；

        price += parseInt（map［seletedshangyi］）；

        var pricestr = "总计为￥："；

        pricestr += price；

         $（h5）. html（pricestr）；

    }

    function deleteshiye（）

    {

        seletedshangyi = "null"；

        document. getElementById（"shangyi"）. src = ""；

        $（h2）. html("您没有选择 T 恤")；

        $（h5）. html("总计为￥：0")；

    }
```

删除所选衣服，重新选择

- 在例 8 - 1 所编写的 select_1. html 文件代码中，在头部增加导入 select_2. js 的语句：

  ＜script src = "select_2. js"＞＜/script＞

并在定义模特区域块添加 deleteshiye（）事件、定义衣服序列模块添加 shiye（）事件。修改后的文件保存为 select_ 2. html，其代码如下：

```
＜！DOCTYPE html＞

＜html＞

＜head＞

    ＜meta charset = "UTF - 8"＞

    ＜script type = "text/javascript" src = ". /jq/jquery - 3. 1. 1. min. js"＞＜/script＞

    ＜style type = "text/css"＞

        . back｛background - image：url（"image/back. jpg"）；width：1182px；
                height：842px；overflow：hidden；｝

        . man｛position：relative；left：0px；top：0px；｝

        . tongji｛position：absolute；left：70px；top：200px；display：block；｝

        . list｛position：relative；width：160px；height：620px；left：1000px；top：100px；
                display：block；｝

        . sitemlist｛position：absolute；left：10px；top：40px；width：160px；height：620px；
                display：block；overflow：hidden；｝

    ＜/style＞

    ＜script src = "select_2. js"＞＜/script＞
```
导入"试衣选择"功能模块

```
＜/head＞

＜body＞

    ＜div class = "tongji"＞    ＜! -- 定义统计选择情况 -- ＞
```

```
    < h1 class = " vintage"  style = " font – size:55px"> 在线试衣间 </h1 >
    < h1 class = " vintage"  style = " font – size:24px"> 请选择你需要的服装 </h1 >
    < h2 class = " vintage"  style = " font – size:24px"> 您没有选择 T 恤 </h1 >
    < h5 class = " vintage"  style = " font – size:24px"> 总计为 ¥ : 0 </h1 >
</div >

< div class = " man">    < ! -- 定义模特 -- >
    < img src = " image/yinzi. png" ; width = " 230px" ; height = " 80px" ;
        style = " position:absolute; left:490px; top:760px; ">
    < img src = " image/man. png" ; style = " position:absolute; left:500px; top:250px; ">
    < img id = " shangyi" src = " " ; style = " position:absolute; left:500px; top:250px; ">
    < img src = " image/shangyi. png" ; style = " position:absolute;
        left: 930px; top: 250px; " >
    < img src = " image/delete. png" ;width = " 50px" ; height = " 60px" ;
        style = " position:absolute; left:935px; top:700px; " onclick = " deleteshiye( )" >
</div >

< div class = " list">    < ! -- 定义衣服序列 -- >
    < img src = " image/list. png">
        < div class = " sitemlist">
            < img id = " s1" src = " image/s1m. jpg" ; width = " 160px" ; Title = " 短袖 T 恤 1" ;
                height = " 240px" ; style = " cursor:pointer; position:relative;
                left: 0px; top: 0px; " onclick = " shiye( 'shangyi', 's1' )" >
            < img id = " s2" src = " image/s2m. jpg" ; width = " 160px" ; Title = " 短袖 T 恤 2" ;
                height = " 240px" ; style = " cursor:pointer; position:relative;
                left: 0px; top: 0px; "  onclick = " shiye( 'shangyi', 's2' )" >
            < img id = " s3" src = " image/s3m. jpg" ; width = " 160px" ; Title = " 短袖 T 恤 3" ;
                height = " 240px" ; style = " cursor:pointer; position:relative;
                left: 0px; top: 0px; "  onclick = " shiye( 'shangyi', 's3' )" >
            < img id = " s4" src = " image/s4m. jpg" ; width = " 160px" ; Title = " 短袖 T 恤 4" ;
                height = " 240px" ; style = " cursor:pointer; position:relative;
                left: 0px; top: 0px; "  onclick = " shiye( 'shangyi', 's4' )" >
            < img id = " s5" src = " image/s5m. jpg" ; width = " 160px" ; Title = " 短袖 T 恤 5" ;
                height = " 240px" ; style = " cursor:pointer; position:relative;
                left: 0px; top: 0px; "  onclick = " shiye( 'shangyi', 's5' )" >
        </div >
</div >
```

运行程序，当用鼠标单击试选的衣服时，模特身上就穿上了所选择的衣服，并且显示衣服的价格。程序运行结果如图 8.2 所示。

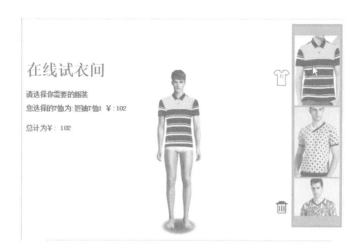

图 8.2 具有选择试衣功能的试衣间

8.1.3 数据来源于远程数据库

例 8 - 2 的 select_ 2. js 文件中，用数组定义了试衣的编号和价格。由于这些数据经常会变化，不能将其固化在程序中，而是保存到数据库中。

【例 8 - 3】 从数据库读取衣服数据。

● 创建数据库。设衣服的数据表为 clothes，其数据字段及其数据记录如表 8.1 所示。

表 8.1 衣服数据表(clothes)结构及数据记录

编号(sid)	价格(jiage)	衣服类型(type)
s1	102	shangyi
s2	120	shangyi
s3	110	shangyi
s4	180	shangyi
s5	198	shangyi

● 在 Web 服务器端编写一个读取数据库数据的 PHP 程序，并以 JSON 格式输出，文件名为 readdata. php。程序代码如下：

```php
<? php
    $ db_name = " demoDB" ;      //改成读者的 mysql 数据库名
    $ user = " root" ;           //改成读者的 mysql 数据库用户名
    $ password = " " ;           //改成读者的 mysql 数据库密码
    $ host = " localhost" ;      //改成读者的 mysql 数据库服务器
    $ dsn = " mysql:host = $ host;dbname = $ db_name" ;
    try{
```

```
            $ con = new PDO( $ dsn, $ user, $ password) ;
        } catch( Exception  $ e) {    }
        $ con -> query( "set names utf8" ) ;
        $ sql  = " select  ∗  from clothes" ;
        $ result = $ con -> query( $ sql) ;
        echo " var json = [ " ;
        $ i = 0 ;
        foreach( $ result as  $ row)
        {
          if( $ i ! = 0 )      // 如果是第一条数据，则在数据前不现实逗号分隔符
          {
            echo " , " ;
          } else
          {
            $ i = 1 ;
          }
              echo ' { " ' ;
                  echo 'sid" : ' ;
                  echo '" ' ;
                  echo $ row [ 'sid'] ;
                  echo '" , ' ;
                  echo '" ' ;
                  echo 'jiage" : ' ;
                  echo '" ' ;
                  echo $ row [ 'jiage'] ;
                  echo '" } ' ;
        }
            echo " ]" ;
    ? >
```

该文件必须保存在 Web 服务器上，通过浏览器运行该程序，可以看到运行结果：

```
var json = [ { " sid" :" s1" ," jiage" :" 102" } , { " sid" :" s2" ," jiage" :" 120" } ,
            { " sid" :" s3" ," jiage" :" 110" } , { " sid" :" s4" ," jiage" :" 180" } ,
            { " sid" :" s5" ," jiage" :" 198" } ]
```

● 修改 select_ 2. js 的代码，用数据库中读取到的数据取代原数组数据，将文件保存为 select_ 3. js。修改后的代码如下：

```
var map = {s1: '102', s2: '120', s3: '110', s4: '180', s5: '198'} ;      //图片编号 + 价格
//下列代码替代 map 数组数据
```

```
var map = new Array ( ) ;
function myAjax ( ) {
    for ( i = 0 ; i < json. length ; i + + ) {
        map[ i ] = json[ i ] ;
    }
}
```

用数据库中的数据构建原 **map** 数组

```
var seletedshangyi = " null" ;
function shiye ( type，count)
{
    var oImg = document. getElementById ( type) ; //创建试衣对象
    var srcsring = " " ;                //构造图片路径
    srcsring + = " image/" ;
    srcsring + = count. sid ;
    srcsring + = " . png"
    oImg. src = srcsring ;            //为模特试穿衣服
    var str = " 您选择的 T 恤为:" ; //仅考虑 T 恤一种情况
    str + = document. getElementById ( count. sid ) . title ;
    str + = " ￥:"
    str + = count. jiage ;
    $ ( 'h2') . html ( str) ;        //在页面上显示
    var price = 0 ;
    price + = parseInt ( count. jiage ) ;
    var pricestr = " 总计为￥: " ;
    pricestr + = price ;
    $ ( 'h5') . html ( pricestr) ; //在页面上显示
}
```

定义"试衣选择" 功能函数

```
function deleteshiye ( )
{
    seletedshangyi = " null" ;
    document. getElementById( " shangyi" ) . src = " " ;
    $ ( 'h2') . html( " 您没有选择 T 恤" ) ;
    $ ( 'h5') . html( " 总计为￥: 0" ) ;
}
```

删除所选衣服，重新选择

● 原网页文件 select_ 2. html 也要作相应修改，修改后的文件名为 select_ 3. html。其代码如下:

```
< ! DOCTYPE html >
< html >
  < head >
    < meta charset = " UTF − 8">
    < script type = " text/javascript" src = " . /jq/jquery − 3. 1. 1. min. js" > </script >
```

```
< script src = " http://localhost/yifu/test/readdata. php" > </script >
< style type = " text/css" >
    . back { background – image: url(" image/back. jpg" ) ; width: 1182px;
            height: 842px; overflow: hidden; }
    . man { position: relative; left: 0px; top: 0px; }
    . tongji { position: absolute; left: 70px; top: 200px; display: block; }
    . list { position: relative; width: 160px; height: 620px; left: 1000px; top: 100px;
            display: block; }
    . sitemlist { position: absolute; left: 10px; top: 40px; width: 160px; height: 620px;
            display: block; overflow: hidden; }
</style >
< script src = " select_3. js" > </script >
</head >
< body onload = " myAjax( )" >
    < div class = " tongji" >    <! -- 定义统计选择情况 -- >
        < h1 class = " vintage"  style = " font – size:55px">在线试衣间 </h1 >
        < h1 class = " vintage"  style = " font – size:24px">请选择你需要的服装 </h1 >
        < h2 class = " vintage"  style = " font – size:24px">您没有选择 T 恤 </h1 >
        < h5 class = " vintage"  style = " font – size:24px">总计为￥: 0 </h1 >
        < div >
            < p > </p >
        </div >
    </div >
    < div class = " man" >    <! -- 定义模特 -- >
        < img src = " image/yinzi. png" ; width = " 230px" ; height = " 80px" ;
            style = " position:absolute; left:490px; top:760px; " >
        < img src = " image/man. png" ; style = " position:absolute; left:500px; top:250px; " >
        < img id = " shangyi"  src = " " ; style = " position:absolute; left:500px; top:250px; " >
        < img src = " image/shangyi. png" ; style = " position:absolute; left:930px;
            top:250px; " >
        < img src = " image/delete. png" ; width = " 50px" ; height = " 60px" ;
        style = " position:absolute; left:935px; top:700px; " onclick = " deleteshiye( )" >
    </div >
    < div class = " list" >    <! -- 定义衣服序列 -- >
        < img src = " image/list. png" >
            < div class = " sitemlist" >
                < img id = " s1"  src = " image/s1m. jpg" ; width = " 160px" ; Title = " 短袖 T 恤 1" ;
                    height = " 240px" ; style = " cursor:pointer; position:relative;
                    left: 0px; top: 0px; " onclick = " shiye( 'shangyi', map[ 0 ] )" >
```

```
< img id = " s2" src = " image/s2m. jpg" ; width = " 160px" ; Title = " 短袖 T 恤 2" ;
        height = " 240px" ; style = " cursor:pointer; position:relative;
        left：0px；top：0px；" onclick = " shiye( 'shangyi', map[ 1 ] ) " >
< img id = " s3" src = " image/s3m. jpg" ; width = " 160px" ; Title = " 短袖 T 恤 3" ;
        height = " 240px" ; style = " cursor:pointer; position:relative;
        left：0px；top：0px；" onclick = " shiye( 'shangyi', map[ 2 ] ) " >
< img id = " s4" src = " image/s4m. jpg" ; width = " 160px" ; Title = " 短袖 T 恤 4" ;
        height = " 240px" ; style = " cursor:pointer; position:relative;
        left：0px；top：0px；" onclick = " shiye( 'shangyi', map[ 3 ] ) " >
< img id = " s5" src = " image/s5m. jpg" ; width = " 160px" ; Title = " 短袖 T 恤 5" ;
        height = " 240px" ; style = " cursor:pointer; position:relative;
        left：0px；top：0px；" onclick = " shiye( 'shangyi', map[ 4 ] ) " >
    </div >
  </div >
 </body >
</html >
```

程序运行结果与图 8.2 相同。

8.2　在线试衣系统的模块设计

8.2.1　在线试衣系统的模块结构

一般的在线系统为了保证稳定的客户群，通常均采用会员制，游客经注册后成为会员。因此，在系统中有注册模块及登录模块。如果试衣满意，需要购买，系统中还应该有支付模块。系统模块结构如图 8.3 所示。

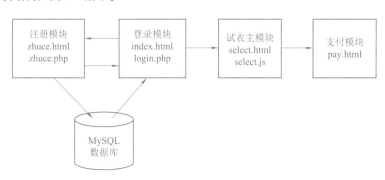

图8.3　在线试衣间系统模块结构

8.2.2　注册模块

【例 8 - 4】　编写在线试衣间系统的会员注册程序。

试衣系统的注册模块由文件 zhuce. html、zhuce. php 组成。其运行界面如图 8.4 所示。

图8.4 在线试衣间系统会员注册

● zhuce. html 主要完成用户注册的界面设计，其核心代码如下：

```
< ! DOCTYPE html >
< html >
< head >
< meta charset = " utf – 8" / >
< meta name = " viewport"  content = " width = device – width，initial -- scale = 1" / >
< title > 用户注册！ < /title >
< script type = " text/javascript"  src = " . /jq/jquery – 3. 1. 1. min. js" > < /script >
< script >
    function check_ username( ) {
        var username;
        username = document. getElementById（'username'）. value;     用户名输入
        username = username. Trim( ) ;
    }
    function check_ pass( ) {
        var pass;
        pass = document. getElementById（'pass'）. value;     密码输入
        pass = pass. Trim( ) ;
    }
    function mobile( ) {
        var mobile;
        mobile = document. getElementById（'mobile'）. value;     手机号码输入
        mobile = mobile. Trim( ) ;
    }
    function check( ) {    //合法性验证
        //检验输入的值是否合法，代码略
        alert（" 你可以注册了！"）;
         $（'#reg'）. removeAttr（" disabled"）;     ——— 设置"注册"按钮能操作
    }
```

```
</script>
</head>
<body>
<form name="form_login" id="form_login" method="post" action="zhuce.php"
    onsubmit="return login_check();">
    <ul>
        <li><font size="6"><b>欢迎注册本网站</b></font></li>
        <li><td>用户名：</td><input id="username" name="username" type="text"
            class="_input" onblur="check_username()"/></li>
        <li><td>密码：</td><input id="pass" name="password" type="password"
            class="_input" onblur="check_pass()"/></li>
        <li><td>邮箱：</td><input id="email" name="email" type="text"
            class="_input" onblur="check_email()"/>    </li>
        <li><td>手机号码：</td><input id="mobile" name="mobile" type="text"
            class="_input" onblur="mobile()"/></li>
        <li><td>性别：</td>
        <td>男<input type="radio" checked="checked" name="usersex" value="男"
                style="width:20px;height:20px"/>女<input type="radio"
                name="usersex" value="女" style="width:20px;height:20px"/>
        </td></li>
    </ul>
        <div style="clear:both;margin-left:10px;margin-top:10px;">
        <input type="button" value="合法性验证" onclick="check()">
        <input type="submit" name="reg" id="reg" value="注 册" disabled="true">
        </div>
</form>
</body>
</html>
```

● zhuce.php 主要完成与 MySQL 数据库的连接，并将用户信息写入数据库的功能。其核心代码如下：

```php
<?php
if (!isset($_POST['reg'])) {
    exit('非法访问！');
}
$name = $_POST['username'];
$psw = $_POST['password'];
$email = $_POST['email'];          ⎫
$mobile = $_POST['mobile'];         ⎬ 接收表单提交来的数据
$usersex = $_POST['usersex'];      ⎭
```

```
$ db_name = " zsmdb" ;        //改成自己的 mysql 数据库名
$ user = " root" ;            //改成自己的 mysql 数据库用户名
$ password = " " ;           //改成自己的 mysql 数据库密码
$ host = " localhost" ;       //改成自己的 mysql 数据库服务器
$ dsn = " mysql：host = $ host；dbname = $ db_name" ;
try{
   $ con  = new PDO( $ dsn, $ user, $ password) ;
}catch( Exception  $ e) { }
$ con  -> query( " set names utf8" ) ;
$ sql  = " insert into users( name, psw, email, mobile, usersex)
       values( ' $ name',' $ psw',' $ email',' $ mobile',' $ usersex') " ;
$ con  -> query( $ sql) ;
   header( " Location：index. html？ regtrue = true" ) ;    //跳转执行 index. html 登录模块
? >
```

8.2.3 登录模块

【例 8 - 5】 编写在线试衣间系统的登录程序。

试衣间系统的登录模块是系统首页面，登录模块由文件 index. html、login. php 组成。其运行结果如图 8.5 所示。

图 8.5　在线试衣间系统用户登录界面

● index. html 主要完成用户登录的界面设计，其核心代码如下：

```
<！ DOCTYPE html >
< head >
  < meta charset = " UTF - 8" >
  < meta name = " viewport"  content = " width = device - width, initial - scale = 1" / >
```

```
</style>
  <title>用户登录</title>
  <script type="text/javascript" src="./jq/jquery-3.1.1.min.js"></script>
  <script>
    function yanzheng()
    {
        var username = document.getElementById("username");
        var pass = document.getElementById("password");
        var inputRandom = document.getElementById("inputRandom").value;
        var autoRandom = $('h2').text();
        if (inputRandom! = autoRandom)
        {
            alert("验证码错误");
            return;
        }
        else {
            alert("验证成功 请点击登录");
            $('#login').removeAttr("disabled");       //移除 disabled 属性
        }
        return true;
    }
    function createCode()      //产生验证码
    {
        var seed = new Array(
                'abcdefghijklmnopqrstuvwxyz',
                'ABCDEFGHIJKLMNOPQRSTUVWXYZ',
                '0123456789'
        );    //创建产生验证码的数据数组
        var idx, i;
        var result = '';             //返回的结果变量
        for (i = 0; i < 4; i++)    //根据指定的长度
        {
            idx = Math.floor(Math.random() * 3);    //产生一个随机整数
            result += seed[idx].substr(Math.floor(Math.random()
                        * (seed[idx].length)), 1);    //从随机数中获取一个值
        }
        $('h2').html(result);
    }
```

```
        </script >
      </head >
      < body >
        < div class = " back" > </div >
        < div class = " divBox" >
        < div id = " cont" >
          < form name = " form_login"  id = " form_login"  method = " post"  action = " login. php"
                  onsubmit = " return login_check( ) ;" >
        < div class = " wenzi" >
            < h1  > 用户名：</h1 >
            < input type = " text"  name = " username"  id = " username" >
            < h1  > 密码：</h1 >
            < input type = " password"  name = " password"  id = " password" >
            < h1  > 验证码：</h1 >
            < input type = " text"  id = " inputRandom"  size = " 5" >
            < h2 name = " random"  id = " random"  > </label >
            < h3  > </label >
            </div >
            < label id = " autoRandom"  value = " " > </label >
            < INPUT TYPE = " button"  class = " button blue"  VALUE = " 获取验证码"
                    ONCLICK = " createCode( )" >
            < INPUT TYPE = " button"  class = " button blue"  VALUE = " 验证"
                    ONCLICK = " yanzheng( )" >
            < input type = " submit"  name = " login"  id = " login"  class = " button blue"
                    value = " 登 录"  disabled = " true" / >
            < input type = " reset"  class = " button blue"  value = " 重置" / ONCLICK = " b( )" >
            < input type = " button"  class = " button blue"  value = " 注册"
                    onclick = " javascript：window. location. href = 'zhuche. html'" / >
            </p >
          </form >
        < div >
      </div >
    </body >
    </html >
```

● login. php 主要完成与 MySQL 数据库的连接，并将用户信息写入数据库的功能。其核心代码如下：

```
<? php
    if ( ! isset( $ _POST[ 'login'] ) ) {
```

```
        exit（'非法访问！'）；
    }
  $ name = $ _ POST ［'username'］；        接收表单提交来的数据
  $ psw = $ _ POST ［'password'］；
  $ db_name = " zsmdb " ;        //改成自己的 mysql 数据库名
  $ user = " root " ;            //改成自己的 mysql 数据库用户名
  $ password = " " ;            //改成自己的 mysql 数据库密码
  $ host = " localhost " ;        //改成自己的 mysql 数据库服务器
  $ dsn = " mysql：host = $ host；dbname = $ db_name " ;
  try{
    $ con = new PDO（ $ dsn，$ user，$ password）；
  }catch(Exception $ e){ }
  $ con -> query（" set names utf8 " ）；
  $ sql =" select * from users " ；//SQL 语句
    $ result = $ con -> query（ $ sql）；//执行查询操作
    foreach（ $ result as $ row）
    {
    if（ $ row［'name'］= = $ name)
    {
        if（ $ row［'psw'］= = $ psw)
        {
            header(" Location：select. html？ sid = " . $ name)；
            exit；
        }
        else
        {
            header(" Location：denglu. html？ pswtrue = false" )；
            exit；
        }
    }
  }
  header(" Location：denglu. html？ accounttrue = false" )；
? >
```

8.2.4 试衣间主程序模块

【例 8 - 6 】 编写在线试衣间系统的主程序。

为了减小书本篇幅，前面所叙述的示例均简化了程序，仅保留了选择上衣（T 恤）的功能，外套及裤子的选择功能被删除，本例具有所有功能。

在线试衣间主程序模块由 select. html、select. js 文件组成。其运行结果如图 8.6 所示。

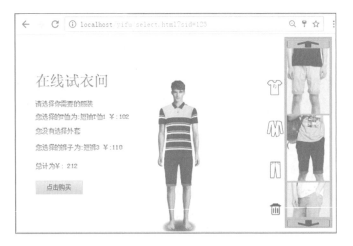

图8.6 在线试衣间主程序运行界面

● select. html 核心代码：

```
<! DOCTYPE html >
< html >
< head >
  < meta charset = " UTF - 8" >
  < script type = " text/javascript" src = ". /jq/jquery - 3. 1. 1. min. js" > </script >
  < style type = " text/css" >
    . back {
            background - image: url(" image/back. jpg");
            width: 1182px; height: 842px; overflow: hidden;}
    . man {position: relative; left: 0px; top: 600px;}
    . wenzi {position: absolute; left: -200px; top: 200px; display: block;}
    . list {
            position: relative; width: 160px; height: 620px;
            left: 1210px; top: 100px; display: block;}
    . sitemlist {
            position: absolute; left: 10px; top: 40px; width: 160px;
            height: 620px; display: block; overflow: hidden;}
    . xitemlist {
            position: absolute; left: 10px; top: 40px; width: 160px;
            height: 620px; display: none; overflow: hidden;}
    . witemlist {
            position: absolute; left: 10px; top: 40px; width: 160px;
            height: 620px; display: none; overflow: hidden;}
  </style >
  < script   src = ". /select. js" > </script >
```

```
</head>
<body onload="load()">
    <div class="back">
        <div class="wenzi">
            <h1 class="vintage" style="font-size:55px">在线试衣间</h1>
            <h1 class="vintage" style="font-size:24px">请选择你需要的服装</h1>
            <h2 class="vintage" style="font-size:24px">您没有选择 T 恤</h1>
            <h3 class="vintage" style="font-size:24px">您没有选择外套</h1>
            <h4 class="vintage" style="font-size:24px">您没有选择裤子</h1>
            <h5 class="vintage" style="font-size:24px">总计为￥:0</h1>
            <button type="button"
                style="font-size:15pt; width:180px;height:50px;"
                class="button yellow" onclick="pay()">点击购买</button>
        </div>
        <div class="man">
            <img src="image/yinzi.png"; width="230px"; height="80px";
                    style="position:absolute; left:490px; top:760px;">
            <img src="image/man.png"; style="position:absolute; left:500px;
                    top:250px;">
            <img id="xiayi" src=""; style="position:absolute; left:500px;
                    top:250px;">
            <img id="shangyi" src=""; style="position:absolute; left:500px;
                    top:250px;">
            <img id="waitao" src=""; style="position:absolute; left:500px;
                    top:250px;">
            <img src="image/shangyi.png"; style="position:absolute; left:930px;
                    top:250px;" onclick="changetype('shangyi')">
            <img src="image/waitao.png"; style="position:absolute; left:930px;
                    top:400px;" onclick="changetype('waitao')">
            <img src="image/xiayi.png"; style="position:absolute; left:930px;
                    top:550px;" onclick="changetype('xiayi')">
            <img src="image/delete.png";width="50px"; height="60px";
                style="position:absolute; left:935px; top:700px;"
                onclick="deletetietu()">
        </div>
    <div class="list">
        <img src="image/list.png">
    <div class="sitemlist">
        <img id="s1" src="image/s1m.jpg"; width="160px";
            Title="短袖 T 恤 1"; height="240px";
```

```
            onclick = " tietu( 'shangyi','s1') " >
        < img id = " s2"  src = " image/s2m. jpg" ; width = " 160px" ;
            Title = " 短袖 T 恤 2" ; height = " 240px" ;
            onclick = " tietu( 'shangyi','s2') " >
        < img id = " s3"  src = " image/s3m. jpg" ; width = " 160px" ;
            Title = " 短袖 T 恤 3" ; height = " 240px" ;
            onclick = " tietu( 'shangyi','s3') " >
        < img id = " s4"  src = " image/s4m. jpg" ; width = " 160px" ;
            Title = " 短袖 T 恤 4" ; height = " 240px" ;
            onclick = " tietu( 'shangyi','s4') " >
        < img id = " s5"  src = " image/s5m. jpg" ; width = " 160px" ;
            Title = " 短袖 T 恤 5" ; height = " 240px" ;
            onclick = " tietu( 'shangyi','s5') " >
    </ div >
    < div class = " xitemlist" >
        < img id = " x1"  src = " image/x1m. jpg" ; width = " 160px" ;
            Title = " 短裤 1" ; height = " 240px" ;
            onclick = " tietu( 'xiayi','x1') " >
        < img id = " x2"  src = " image/x2m. jpg" ; width = " 160px" ;
            Title = " 短裤 2" ; height = " 240px" ;
            onclick = " tietu( 'xiayi','x2') " >
        < img id = " x3"  src = " image/x3m. jpg" ; width = " 160px" ;
            Title = " 短裤 3" ; height = " 240px" ;
            onclick = " tietu( 'xiayi','x3') " >
        < img id = " x4"  src = " image/x4m. jpg" ; width = " 160px" ;
            Title = " 短裤 4" ; height = " 240px" ;
            onclick = " tietu( 'xiayi','x4') " >
        < img id = " x5"  src = " image/x5m. jpg" ; width = " 160px" ;
            Title = " 短裤 5" ; height = " 240px" ;
            onclick = " tietu( 'xiayi','x5') " >
    </ div >
    < div class = " witemlist" >
        < img id = " w1"  src = " image/w1m. jpg" ; width = " 160px" ;
            Title = " 秋季外套" ; height = " 240px" ;
            onclick = " tietu( 'waitao','w1') " >
        < img id = " w2"  src = " image/w2m. jpg" ; width = " 160px" ;
            Title = " 单排扣风衣" ; height = " 240px" ;
            onclick = " tietu( 'waitao','w2') " >
        < img id = " w3"  src = " image/w3m. jpg" ; width = " 160px" ;
            Title = " 秋季单西外套" ; height = " 240px" ;
```

```
                onclick = " tietu ( 'waitao','w3') " >
            < img id = " w4"  src = " image/w4m. jpg" ; width = " 160px" ;
                Title = " 休闲西服" ; height = " 240px" ;
                onclick = " tietu ( 'waitao','w4') " >
            < img id = " w5"  src = " image/w5m. jpg" ; width = " 160px" ;
                Title = " 针织外套" ; height = " 240px" ;
                onclick = " tietu ( 'waitao','w5') " >
        </ div >
        < div class = " updown" >
            < img src = " image/jianhao2. png" ; width = " 160px" ; height = " 30px" ;
                style = " cursor:pointer; position:relative; left:10px; top: -695px;"
                onclick = " moveanimation ( 'up') " >
            < img src = " image/jianhao1. png" ; width = " 160px" ; height = " 30px" ;
                style = " cursor:pointer; position:relative; left:10px; top: -75px; "
                onclick = " moveanimation ( 'down') " >
            </ div >
        </ div >
    </ div >
</ body >
</ html
```

● select. js 核心代码。本程序仍用数组存放选择衣服的数据，请读者参照例 8 – 3 将其修改为从数据库中读取数据。

```
var map = {
    s1：'102', s2：'120', s3：'110', s4：'180', s5：'198', x1：'80', x2：'92', x3：'110',
    x4：'99', x5：'105', w1：'210', w2：'189', w3：'250', w4：'199', w5：'168'
};
var ismove = " false" ;
var listischange = " false" ;
var movecount = 0;
var itemtype = " shangyi" ;
var timer;
var canmove = " true" ;
var listchangetype = 0;
var seletedshangyi = " null" ;
var seletedwaitao = " null" ;
var seletedxiayi = " null" ;
function tietu ( type, count) {
    var oImg = document. getElementById ( type) ;
    var srcsring = " " ;
    srcsring += " image/" ;
```

```
        srcsring += count;
        srcsring += ". png"
        olmg. src = srcsring;
        if ( type == " shangyi" ) {
          var str = "您选择的 T 恤为:";
          str += document. getElementById ( count ) . title;
          str += " ￥ :"
          str += map [ count ];
          $ ( h2 ) . html ( str );
          seletedshangyi = count;
          var price = 0;
          if ( seletedshangyi! = " null" ) {
              price += parseInt ( map [ seletedshangyi ] );
          }
          if ( seletedwaitao! = " null" ) {
              price += parseInt ( map [ seletedwaitao ] );
          }
          if ( seletedxiayi! = " null" ) {
              price += parseInt ( map [ seletedxiayi ] );
          }
          var pricestr = " 总计为 ￥ : ";
          pricestr += price;
          $ ( h5 ) . html ( pricestr );
        }
        else if ( type == " waitao" ) {
          var str = "您选择的外套为:";
          str += document. getElementById ( count ) . title;
          str += " ￥ :"
          str += map [ count ];
          $ ( h3 ) . html ( str );
          seletedwaitao = count;
          var price = 0;
          if ( seletedshangyi! = " null" ) {
              price += parseInt ( map [ seletedshangyi ] );
          }
          if ( seletedwaitao! = " null" ) {
              price += parseInt ( map [ seletedwaitao ] );
          }
          if ( seletedxiayi! = " null" ) {
              price += parseInt ( map [ seletedxiayi ] );
```

```
        }
      var pricestr = "总计为￥：";
      pricestr += price;
       $（h5）．html（pricestr）;
    }
   else if（type == "xiayi"）{
    var str = "您选择的裤子为:";
    str += document．getElementById（count）．title;
    str += "￥:"
    str += map［count］;
     $（h4）．html（str）;
    seletedxiayi = count;
    var price = 0;
    if（seletedshangyi! = "null"）{
        price += parseInt（map［seletedshangyi］）;
      }
    if（seletedwaitao! = "null"）{
        price += parseInt（map［seletedwaitao］）;
      }
    if（seletedxiayi! = "null"）{
        price += parseInt（map［seletedxiayi］）;
      }
    var pricestr = "总计为￥：";
    pricestr += price;
     $（h5）．html（pricestr）;
   }
 }
function changetype（type）{
    if（itemtype! = type）{
        if（listischange == "false"）{
         listischange = "true";
        }
      }
  }
function load（）{
    var top = parseInt（$（".man"）．css("top"））;
    timer3 = window．setInterval（function startmove（）{
        top += （-5）;
        if（top < =0）{
            clearTimeout（timer3）;
```

```
        }
          $(".man").css("top", top)
      }, 4)
    var wenzileft = parseInt ( $(".wenzi").css("left") );
     timer4 = window.setInterval (function startmove() {
        wenzileft += 5;
        if (wenzileft > = 70) {
            clearTimeout (timer4);
        }
          $(".wenzi").css("left", wenzileft)
      }, 6)
    var listleft = parseInt ( $(".list").css("left") );
     timer5 = window.setInterval (function startmove() {
        listleft += ( -2);
        if (listleft < = 1000) {
            clearTimeout (timer5);
        }
          $(".list").css("left", listleft)
      }, 1)
  }
function pay() {
    var price = 0;
    if (seletedshangyi! = "null") {
        price += parseInt (map [seletedshangyi]);
    }
    if (seletedwaitao! = "null") {
        price += parseInt (map [seletedwaitao]);
    }
    if (seletedxiayi! = "null") {
        price += parseInt (map [seletedxiayi]);
    }
    if (price == 0) {
        alert("您还么有选择衣服");
    }
    else {
        window.location.href =
            'pay.html? sid =' + GetQueryString("sid") + '&price =' + price;
    }
  }
function GetQueryString (name) {
```

```
var reg = new RegExp(" (^ | &)" + name +"  =  ( [^&]  ∗ ) (& |  $ )" );
var r = window. location. search. substr ( 1 ) . match ( reg ) ;
if ( r! = null ) return unescape ( r [2] ) ; return null;
}
```

8.2.5 支付模块

【例 8 - 7】 编写在线试衣间系统的支付程序。

程序运行结果如图 8.7 所示。

图 8.7　在线试衣间系统的支付界面

程序核心代码：

```
< ! DOCTYPE html >
< html >
< head >
< meta http – equiv = " Content – Type"  content = " text/html; charset = utf – 8" / >
< /style >
< title > 网上支付 < /title >
< title > 支付方式选择 < /title >
< style type = " text/css" >
  . on {margin: 5px; border: 3px solid #F60; filter: alpha ( Opacity = 100 ) }
  . off {margin: 5px; border: 1px solid #CCC; filter: alpha ( Opacity = 20 ) }
< /style >
< script language = " javascript" >
  function aa ( a ) {
  if ( a == 1 ) {
  document. getElementById( " selectedinput" ) . value = " 支付宝" ;
  document . getElementById( " ZFMethods" ) . getElementsByTagName( " img" ) [ a – 1 ]
        . className = " on" ;
  document . getElementById( " ZFMethods" ) . getElementsByTagName( " img" ) [ a]
```

```
                    . className = " off" ;
        document . getElementById ( " ZFMethods" ) . getElementsByTagName ( " img" ) [ a + 1 ]
                    . className = " off" ;
    }
    else if ( a == 2 ) {
      document. getElementById ( " selectedinput" ) . value = " 网上银行" ;
      document . getElementById ( " ZFMethods" ) . getElementsByTagName ( " img" ) [ a - 1 ]
                . className = " on" ;
      document . getElementById ( " ZFMethods" ) . getElementsByTagName ( " img" ) [ a - 2 ]
                . className = " off" ;
      document . getElementById ( " ZFMethods" ) . getElementsByTagName ( " img" ) [ a ]
                . className = " off" ;
    }
    else
    {
        document. getElementById ( " selectedinput" ) . value = " 财付通" ;
        document . getElementById ( " ZFMethods" ) . getElementsByTagName ( " img" ) [ a - 1 ]
                . className = " on" ;
        document . getElementById ( " ZFMethods" ) . getElementsByTagName ( " img" ) [ a - 2 ]
                . className = " off" ;
        document . getElementById ( " ZFMethods" ) . getElementsByTagName ( " img" ) [ a - 3 ]
                . className = " off" ;
    }
}
function b ( b ) {
    if ( b == 1 ) {
    var label = document. getElementById ( " coin1" ) ;
    var lbl7 = document. getElementById ( " coin" ) . innerHTML ;
    lbl7 = lbl7 * 0. 98 ;
    label. innerText = lbl7 ;
      $ ( " #coin1" ) . html ( lbl7 ) ; }
      else if ( b == 2 ) {
        var label = document. getElementById ( " coin1" ) ;
        var lbl7 = document. getElementById ( " coin" ) . innerHTML ;
        lbl7 = lbl7 * 0. 97 ;
        label. innerText = lbl7 ;
          $ ( " #coin1" ) . html ( lbl7 ) ;
      }
      else if ( b == 3 ) {
        var label = document. getElementById ( " coin1" ) ;
```

```
        var lbl7 = document. getElementById ( " coin" ) . innerHTML ;
        lbl7 = lbl7 * 0. 96 ;
        label. innerText = lbl7 ;
        $ ( " #coin1" ) . html ( lbl7 ) ;
      }
    }
    function c ( ) {
     var lb = document. getElementById ( " coin1" ) . innerHTML ;
     if ( lb! = " " ) {
        alert ( " 支付成功!" )
        window. location. href = select. html? sid = + GetQueryString ( " sid" ) ;
        // 以下方式定时跳转
        setTimeout ( " javascript: location. href = hello. html" , 3000 ) ;
     }
    }
    function GetQueryString ( name) {
        var reg = new RegExp ( " ( ˆ| & )" + name +", = ( [ ˆ& ] * ) ( & | $ )" ) ;
        var r = window. location. search. substr ( 1 ) . match ( reg ) ;
        if ( r! = null) return unescape ( r [ 2 ] ) ; return null;
    }
    function load ( ) {
        var lb = document. getElementById ( " coin" ) ;
        lb. innerText = parseInt ( GetQueryString ( " price" ) ) ;
    }
</ script >
</ head >
< body onload = " load ( ) " >
  < p align = " center" >
    < font size = " 60px"  color = " black"  face = " verdana" > 支付 </ font > < br / >
  </ p >
  < p align = " center" >
    < font size = " 5px"  color = " black"  face = " verdana" > 总金额:
    < label id = " coin" > 0 </ label > </ font > < br / >
  </ p >
< div id = " ZFMethods" >
< a > < img border = " 0"  src = " image/zfb. jpg"  name = " 01"  height = " 100"  width = " 200"
      style = " position:absolute;left:450px; top:150px;"
      onclick = " aa ( 1 ) ;b ( 1 ) ;"  ; class = " off" > </ a >
< a > < img border = " 0"  src = " image/wy. jpg"  name = " 02"  height = " 100"  width = " 200"
      style = " position:absolute;left:700px; top:150px;"
```

```
            onclick = " aa( 2 ) ;b( 2 ) ;" ; class = " off" > </a >
< a > < img border = " 0"  src = " image/cft. jpg"  name = " 03"  height = " 100"  width = " 200"
            style = " position:absolute;left:950px; top:150px;"
            onclick = " aa( 3 ) ;b( 3 ) ;" ; class = " off" > </a >
</div >
< input type = text id = " selectedinput"  value = " 这是选中的支付方式"
        style = " position:absolute;left:600px; top:300px;height:40px;
                width:300px; font – size:22px;" > </p >
< h id = " h"  height = " 100"  width = " 200"
        style = " position:absolute;left:500px; top:350px; font – size:40px;" >
        支付金额:  </h >
< label id = " coin1"  height = " 100"  width = " 200"
        style = " position:absolute;left:700px; top:350px; font – size:40px;" >
</label >
< button type = " button"
        style = "  position: absolute; left: 650px; top: 400px; height: 40px; width: 150px;
                font – size: 22px;"  onclick = " c( )"  >支付 </button >
</body >
</html >
```

 习题

1. 在本章例题的基础上，增加选择裤子及外套的试衣功能。
2. 在本章例题的基础上，增加删除功能。

第 9 章　移动 Web 网站应用实例：百度地图服务

地图服务是手机 APP 用移动 Web 网站的一个重要应用，本章将介绍应用百度地图 API 设计地图展现、搜索、定位、路线规划等应用程序设计的方法。

9.1　百度地图 JavaScript API

9.1.1　百度地图 JavaScript API 概述

1. 百度地图 API

百度地图 API 是一套免费的基于百度地图服务的应用接口，包括 JavaScript API、Web 服务 API、Android SDK、iOS SDK、定位 SDK、车联网 API、LBS 云等多种开发工具与服务，提供基本地图展现、搜索、定位、路线规划、LBS 云存储与检索等功能，适用于 PC 端、移动端、服务器等多种设备，多种操作系统下的地图应用开发。

百度地图 API 需要先到百度地图的官方网站申请密钥（ak）后才可以使用。申请 API 密钥的地址为 http://lbsyun.baidu.com/。

2. JavaScript API

百度地图 JavaScript API 是一套由 JavaScript 语言编写的应用程序接口，可以在移动网站中构建功能丰富、交互性强的地图应用，包含了构建地图基本功能的各种接口，提供了诸如本地搜索、路线规划等数据服务。

其主要功能如下：

（1）**基本地图功能**

展示（支持 2D 图、3D 图、卫星图）、平移、缩放、拖曳等。

（2）**地图控件展示功能**

可以在地图上添加/删除鹰眼、工具条、比例尺、自定义版权、地图类型及定位控件，并可以设置各类控件的显示位置。

（3）**覆盖物功能**

支持在地图上添加/删除点、线、面、热区、行政区划、用户自定义覆盖物等；开源库提供富标注、标注管理器、聚合 marker、自定义覆盖物等功能。

（4）**工具类功能**

提供经纬度坐标与屏幕坐标互转功能；开源库里提供测距、几何运算及 GPS 坐标/国测局坐标转百度坐标等功能。

（5） **定位功能**

支持 IP 定位及浏览器（支持 html 5 特性浏览器）定位功能。

（6） **右键菜单功能**

支持在地图上添加右键菜单。

（7） **鼠标交互功能**

支持动态修改鼠标样式、鼠标拖曳/缩放地图及鼠标绘制等功能。

（8） **图层功能**

支持重设地图底图、地图上叠加实时交通图层或自定义图层功能。

（9） **本地搜索功能**

包括根据城市、矩形范围、圆形范围等条件进行 POI 搜索，且支持用户自有数据的检索。

（10） **公交检索**

支持起始点坐标、起始点名称、LocalSearchPoi 实例 3 种检索条件的检索；检索结果支持便捷、可换乘、少步行、不乘地铁 4 种方案。

（11） **驾车检索**

支持起始点坐标、起始点名称、LocalSearchPoi 实例 3 种检索条件的检索；返回最短时间、最短距离、避开高速的驾车导航结果，且提供计算打车费用服务。

步行导航：提供步行导航方案。

3. 使用密钥 (ak) 的方法

申请百度 API 密钥后，就可用密钥来引用 JavaScript API 以获得地图服务。密钥的使用方法如下：

　　< script src = " http：//api. map. baidu. com/api？ v =2. 0&ak = 申请的密钥" "> </script >

9.1.2 百度地图 API 重要的类

1. 核心类 Map

JavaScript API 中的类 Map 是提供百度地图服务的核心类，地图程序正是通过 Map 对象创建地图视图。Map 类定义了很多重要的方法，其常用方法如表 9.1 所示。

表 9.1　Map 类的常用方法

方　　　法	说　　　明
Map（container：String ｜ HTMLElement，opts：MapOptions）	构造函数。在指定的容器内创建地图视图对象，需要调用 Map. centerAndZoom（）方法对地图进行初始化
enableScrollWheelZoom（）	启用滚轮放大缩小，默认禁用
disableScrollWheelZoom（）	禁用滚轮放大缩小
enableDoubleClickZoom（）	启用双击放大，默认启用

续表

方　法	说　明
disableDoubleClickZoom ( )	禁用双击放大
enableContinuousZoom ( )	启用连续缩放效果，默认禁用
disableContinuousZoom ( )	禁用连续缩放效果
enablePinchToZoom ( )	启用双指操作缩放，默认启用
disablePinchToZoom ( )	禁用双指操作缩放
setMinZoom (zoom：Number)	设置地图允许的最小级别
setMaxZoom (zoom：Number)	设置地图允许的最大级别
getCenter ( )	返回地图当前中心点
getDistance (start：Point，end：Point)	返回两点之间的距离，单位是米
setZoom (zoom：Number)	将视图切换到指定的缩放等级，中心点坐标不变
zoomIn ( )	放大一级视图
zoomOut ( )	缩小一级视图
addControl (control：Control)	将控件添加到地图
addOverlay (overlay：Overlay)	将覆盖物添加到地图中
openInfoWindow (infoWnd： InfoWindow，point：Point)	在地图上打开信息窗口
closeInfoWindow ( )	关闭在地图上打开的信息窗口
addTileLayer (tileLayer：TileLayer)	添加一个自定义地图图层
getTileLayer (mapType：String)	通过地图类型得到一个地图图层对象

2. 基础类 Point

Point 是一个地图视图重要的基础类，其作用是根据指定的经度和纬度创建一个地理点坐标对象。Point 类的构造函数为

Point (lng：Number, lat：Number)

其中，lng 为地理经度，lat 为地理纬度。

9.2 创建地图视图

1. 创建百度地图视图的步骤

创建百度地图视图的步骤如下：

（1）应用 Map 类的构造函数实例化 Map 对象

```
var map = new BMap. Map ( " mapview " ) ;
```

其中，参数 mapview 为显示视图的区域块 < div id = "mapview" > 。

（2）调用 centerAndZoom（）方法初始化地图对象，设置中心点坐标及地图显示级别

map. centerAndZoom （point, 15）;

其中，参数 point 为地图区域位置中心点的坐标。

下面通过示例来说明创建百度地图视图的方法。

【例 9 – 1】 编写一个能显示百度地图视图的程序。

<！ DOCTYPE html >

< html >

< head >

< meta name = "viewport" content = "initial – scale = 1. 0, user – scalable = no" / >

< meta http – equiv = "Content – Type" content = "text/html; charset = utf – 8" / >

< title > 创建百度地图 < /title >

< style type = "text/css" >

   html｛height：100%｝

   body｛height：100%; margin：0px; padding：0px｝   设置视图占据整个窗体空间

   #mapview｛height：100%｝

< /style >

  < script src = "http://api. map. baidu. com/api? v = 2. 0&ak = CnIA9Z7PxxxxxxxxxxGG2Fb4" >

  //百度地图引用方式：src = "http://api. map. baidu. com/api? v = 2. 0&ak = 您申请的密钥"

< /script >

< /head >

< body >

< div id = "mapview" > < /div >

  < script type = "text/javascript" >

     var map = new BMap. Map("mapview"); —— 创建地图视图对象

     var point = new BMap. Point (118. 106206, 24. 446869); —— 设置地图中心点坐标

     map. centerAndZoom （point, 15）; —— 初始化地图对象，设置中心点坐标和地图级别

  < /script >

< /body >

< /html >

编写程序前，必须首先申请一个地图密钥。在 map. centerAndZoom（）方法中，也可以直接使用城市名称来指定地图视图的中心位置。例如：

map. centerAndZoom （上海, 15）;

程序运行结果如图 9.1 所示。

图 **9.1**　百度地图视图

2. 带控制组件的地图

百度地图定义了一些很常用的控制组件。

● ScaleControl：比例尺控件。

● NavigationControl：平移缩放控件，可以对地图进行上下左右 4 个方向的平移和缩放操作。

● OverviewMapControl：缩略地图控件。

【例 9－2】 编写一个带控制组件的地图视图程序。

```
<！DOCTYPE html>
<html>
  <head>
    <meta charset = utf－8"/>
    <！－－引用百度地图 API－－>
    <scriptsrc = "http://api. map. baidu. com/api？v =2. 0&ak = CnlA9Z7PxxxxxxxxGG2Fb4">
    </script>
  </head>
  <body>
    <！－－百度地图容器－－>
    <div style = " width:700px；height:550px；border:#ccc solid 1px；font－size:12px" id = " map-
```

```
view" > < /div >
    < /body >
    < script type = " text/javascript" >
        //创建和初始化地图函数：
        function initMap( ) {
            createMap( ) ;                        //创建地图视图
            setMapEvent( ) ;                      //设置地图事件
            addMapControl( ) ;                    //向地图添加控件 v
            addMapOverlay( ) ;                    //向地图添加覆盖物
        }
        function createMap( ) {
            map = new BMap. Map ( " mapview" ) ;
            map. centerAndZoom ( new BMap. Point (112. 947525, 28. 190808) , 14) ;
        }
        function setMapEvent( ) {
            map. enableScrollWheelZoom( ) ;       //启用滚轮放大缩小
            map. enableKeyboard( ) ;              //启用键盘操作
            map. enableDragging( ) ;              //启用拖放
            map. enableDoubleClickZoom( ) ;       //启用双击放大
        }
        function addClickHandler ( target, window) {
            target. addEventListener( " click" , function( ) {
                target. openInfoWindow ( window) ;   //在地图上打开信息窗口
            } ) ;
        }
        function addMapOverlay( ) {
        }
        //向地图添加控件
        function addMapControl( ) {
            var scaleControl = new BMap. ScaleControl ( {anchor：BMAP_ ANCHOR_ BOTTOM_
                        LEFT} ) ;
            vscaleControl. setUnit ( BMAP_ UNIT_ IMPERIAL) ;
            map. addControl ( scaleControl) ;         //添加比例尺控件
            var navControl = new BMap. NavigationControl ( {anchor：BMAP_ ANCHOR_ TOP_ LEFT,
                        type：BMAP_ NAVIGATION_ CONTROL_ LARGE} ) ;
            map. addControl ( navControl) ;           //添加平移缩放控件
            var overviewControl = new
                BMap. OverviewMapControl ( {anchor：BMAP_ ANCHOR_ BOTTOM_ RIGHT, isOpen：true} ) ;
            map. addControl ( overviewControl) ;      //添加缩略地图控件
```

创建地图视图

设置地图事件

设置监听事件

向地图添加覆盖物

向地图添加控件

```
    }
    var map;

    initMap( ) ;    ——→  调用 initMap( )函数

  </script >
</html >
```

程序运行结果如图 9.2 所示。

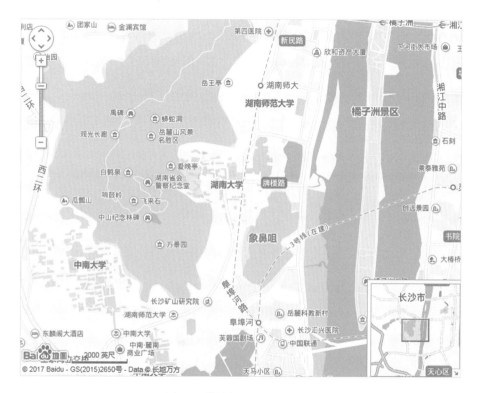

图 9.2　带控制组件的地图视图

9.3　百度地图应用

9.3.1　测距

在百度地图视图上，应用 Map 对象的 getDistance( )方法可以测量出两个指定位置点的距离：

- getDistance（p1，p2）：返回两点 p1、p2 之间的距离，单位是米。
- 在地图测距时，需要把数字转换为字符串显示，这里要用到 toFixed( )函数。
- toFixed( )为把数字转换为字符串的函数，函数参数为指定小数点后位数（四舍五入）。

例如：

var num =5. 56789；

var n = num. toFixed(2);

n 的输出结果:

5.57

【例 9 - 3】 编写一个测距示例程序。

```
<! DOCTYPE html >
<html >
<head >
    <meta http – equiv = " Content – Type" content = " text/html; charset = utf – 8" / >
    <meta name = " viewport" content = " initial – scale = 1. 0, user – scalable = no" / >
    <style type = " text/css" >
        body, html, #mapview {width: 100%; height: 100%; overflow: hidden;
                            margin: 0; font – family:" 微软雅黑" ;}
    </style >
    <script type = " text/javascript"
        src = " http://api. map. baidu. com/api? v = 2. 0&ak = CnIA9Z7PvAu1lzxemzGG2Fb4" >
    </script >
    <title > 测距 </title >
</head >
<body >
    <div id = " mapview" > </div >
</body >
</html >
<script type = " text/javascript" >
    // 百度地图 API 功能
    var map = new BMap. Map(" mapview" );
    map. centerAndZoom(" 重庆", 12);    ——初始化地图，设置城市和地图级别

    var pointA = new BMap. Point (106. 486654, 29. 490295);    ——创建点坐标 A—大渡口区

    var pointB = new BMap. Point (106. 581515, 29. 615467);    ——创建点坐标 B—江北区

    alert ('从大渡口区到江北区的距离是: '
        + (map. getDistance (pointA, pointB)) . toFixed (2) +' 米。');    ——调用距离函数
    //获取两点距离，保留小数点后两位
    var polyline = new BMap. Polyline ([pointA, pointB],
        {strokeColor:" blue", strokeWeight: 6, strokeOpacity: 0. 5});    }定义折线

    map. addOverlay (polyline);    ——添加折线到地图上
</script >
```

运行程序结果如图 9.3 所示。

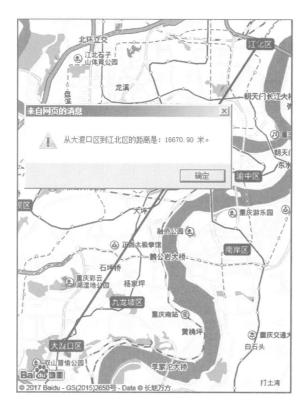

图 9.3　地图测距

9.3.2 地图事件

在百度地图中，addEventListener ( ) 为地图监听器，用于监听事件。

【例 9 - 4】 编写一个地图事件程序，点击地图后显示当前经纬度。

```
< ! DOCTYPE html >
< html >
< head >
    < meta　charset = utf - 8" / >
    < meta name = " viewport" content = " initial - scale = 1. 0，user - scalable = no" / >
    < style type = " text/css" >
        body, html { width：100% ; height：100% ; margin：0 ;
                font - family：" 微软雅黑" ;font - family：" 微软雅黑" ;}
        #mapview { width：100% ; height：500px ;}
        p { margin - left：5px ; font - size：14px ;}
    < /style >
    < script type = " text/javascript"
        src = " http：//api. map. baidu. com/api? v = 2. 0&ak = CnIA9Z7PxxxxxxxxxxGG2Fb4" >
    < /script >
```

```
        < title > 地图单击事件 < /title >
    < /head >
    < body >
        < div id = " mapview" > < /div >
        < p > 添加点击地图监听事件，点击地图后显示当前经纬度 < /p >
    < /body >
    < /html >
    < script type = " text/javascript" >
        // 百度地图 API 功能
        var map = new BMap. Map(" mapview" ) ;
        map. centerAndZoom(" 上海" , 15 ) ;
        function showInfo ( e ) {
            alert ( e. point. lng + " ,  " + e. point. lat) ;
        }
        map. addEventListener(" click" , showInfo) ;
    < /script >
```

显示地图的经度和纬度

在地图上设置监听事件

程序运行结果如图 9.4 所示。

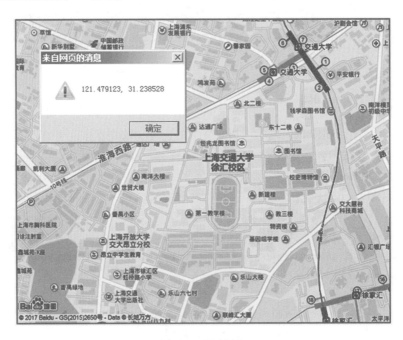

图 9.4　地图事件

9.3.3 驾车导航路线规划

在百度地图中，通过 DrivingRoute 类的对象获取驾车路线规划方案。创建驾车的导航方案的方法如下：

1. 创建导航对象

var driving = new BMap. DrilivingRoute（map，DrivingRouteOptions）；

其中，map 为地图 Map 对象，DrivingRouteOptions 为驾车策略。

其驾车策略有 2 个值：一个值是 renderOptions：｛map：map, autoViewport：true｝ 为驾车导航方案的结果呈现设置，autoViewport 表示规划方案检索结束后是否自动调整地图视野；另一个值是 policy，为导航的策略参数。

2. 检索导航路线

driving. search（start, end）；

其中，start 为路线起点，end 为路线终点。

【例 9 – 5】 编写一个驾车导航路线方案程序。

```
<! DOCTYPE html >
<html >
<head >
    <meta http – equiv = " Content – Type"  content = " text/html; charset = utf – 8" / >
    <meta name = " viewport"  content = " initial – scale = 1. 0, user – scalable = no" / >
    <style type = " text/css" >
        body, html ｛width：100％; height：100％; margin：0; font – family:"微软雅黑";｝
        #mapview ｛height：500px; width：100％;｝
        #r – result, #r – result table ｛width：100％;｝
    </style >
    <script type = " text/javascript"
        src = " http://api. map. baidu. com/api? v = 2. 0&ak = CnIA9Z7PxxxxxxxxxxGG2Fb4" >
    </script >
    <script src = " http://libs. baidu. com/jquery/1. 9. 0/jquery. js" > </script >
    <title > 根据起终点名称驾车导航 </title >
</head >
<body >
    <div id = " mapview" > </div >
    <div id = " driving_way" >
        <select >
            <option value = "0" >最少时间 </option >
            <option value = "1" >最短距离 </option >
            <option value = "2" >避开高速 </option >
        </select >
        <input type = " button"  id = " result"  value = " 查询" / >
    </div >
    <div id = " r – result" > </div >
</body >
```

```
</html>
<script type = "text/javascript">
    // 百度地图 API 功能
    var map = new BMap. Map("mapview");
    var start = "八一公园";
    var end = "八一大桥";
    map. centerAndZoom("南昌", 14);
    //3 种驾车策略：最少时间，最短距离，避开高速
    var routePolicy = [BMAP_ DRIVING_ POLICY_ LEAST_ TIME,
                       BMAP_ DRIVING_ POLICY_ LEAST_ DISTANCE,
                       BMAP_ DRIVING_ POLICY_ AVOID_ HIGHWAYS];
    $("#result"). click (function(){
        map. clearOverlays();
        var i = $("#driving_way select"). val();
        search (start, end, routePolicy[i]);
        function search (start, end, route){
            var driving = new BMap. DrivingRoute (map,
                {renderOptions：{map：map, autoViewport：true},
                policy：route});
                driving. search (start, end);
        }
    });
</script>
```

设置导航驾车路线规划

程序运行结果如图 9.5 所示。

图 9.5　驾车导航路线规划

9.3.4 步行路线规划

在百度地图中，通过 WalkingRoute 类的对象获取步行路线规划方案。创建步行路线规划的方法与驾车路线规划相同。

var walking = new BMap. WalkingRoute (map,

{renderOptions：{map：map, autoViewport：true}}）；

walking. search（start, end）；

【例 9 - 6】 编写一个在湖南省长沙市从"湖南师大"到"湖南大学"的步行路线规划的程序。

```html
<！DOCTYPE html >

< html >

< head >

    < meta http - equiv = " Content - Type" content = " text/html; charset = utf - 8" / >

    < meta name = " viewport" content = " initial - scale = 1. 0, user - scalable = no" / >

    < style type = " text/css" >

        body, html, #mapview {width：100%；height：100%；

                        overflow：hidden；margin：0；font - family："微软雅黑"；}

    </style >

    < script type = " text/javascript"

            src = " http://api. map. baidu. com/api? v = 2. 0&ak = http://api. map. baidu. com/
            api? v = 2. 0&ak = CnlA9Z7PxxxxxxxxxxGG2Fb4" > </script >

    < title >步行导航检索 </title >

</head >

< body >

    < div id = " mapview" > </div >

</body >

</html >

< script type = " text/javascript" >

    // 百度地图 API 功能

    var map = new BMap. Map( " mapview" )；

    map. centerAndZoom ( new BMap. Point (112. 947525, 28. 190808), 11)；

    var walking = new BMap. WalkingRoute ( map,

        {renderOptions：{map：map, autoViewport：true}}）；

    walking. search( " 湖南师大", " 湖南大学")；

</script >
```

设置步行路线规划

程序运行结果如图9.6 所示。

图 9.6　步行路线规划

9.3.5 用户所在位置定位

在百度地图中，通过 geolocation 对象的 getCurrentPosition( )方法获取用户当前位置。创建用户位置的定位方法如下：

1. 创建 geolocation 定位对象

var geolocation = new BMap. Geolocation( );

2. 获取用户当前位置

geolocation. getCurrentPosition（callback，options）;

其中，参数 callback 为回调函数，options 为允许显示结果。

回调函数 callback 的状态码取值如下：

- BMAP_ STATUS_ SUCCESS：检索成功，对应数值"0"。
- BMAP_ STATUS_ CITY_ LIST：城市列表，对应数值"1"。

● BMAP_ STATUS_ UNKNOWN_ LOCATION：位置结果未知，对应数值 "2"。

【例 9 - 7】　编写显示用户当前所在位置的定位程序。

```html
<！DOCTYPE html >
< html >
< head >
    < meta http - equiv = " Content - Type"  content = " text/html；charset = utf - 8" / >
    < meta name = " viewport"  content = " initial - scale = 1.0，user - scalable = no" / >
    < style type = " text/css" >
        body，html，#mapview ｛width：100%；height：100%；
                            overflow：hidden；margin：0；font - family：" 微软雅黑" ；｝
    </ style >
    < script type = " text/javascript"  src = " http://api. map. baidu. com/api？v = 2.0&ak =
                CnIA9Z7PxxxxxxxxxxGG2Fb4" >
    </ script >
    < title > 用户当前位置的定位 </ title >
</ head >
< body >
    < div id = " mapview" > </ div >
</ body >
</ html >
< script type = " text/javascript" >
    // 百度地图 API 功能
    var map = new BMap. Map( " mapview" ) ;
    var point = new BMap. Point (121. 479123，31. 238528) ;
    map. centerAndZoom (point，12) ;

    var geolocation = new BMap. Geolocation() ;      ──── 创建定位对象

    geolocation. getCurrentPosition (function (r) ｛
        if ( this. getStatus() == BMAP_ STATUS_ SUCCESS) ｛
            var mk = new BMap. Marker (r. point) ;
            map. addOverlay (mk) ;
            map. panTo (r. point) ;
            alert ('您的位置：' + r. point. lng +'， ' + r. point. lat);      用户当前位置的定位
        ｝
        else ｛
            alert ('failed' + this. getStatus());
        ｝
    ｝, ｛enableHighAccuracy: true｝)
</ script >
```

程序运行结果如图 9.7 所示。

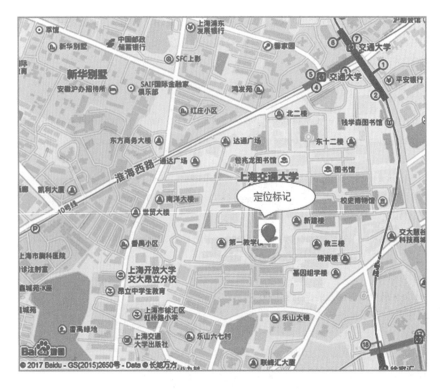

图 9.7　用户所在位置定位

 习题

　　按照本章所叙述的申请百度地图 API 密钥的方法，申请一个创建百度地图应用程序的密钥，创建一个具有显示所在地图位置、测距、导航功能的应用程序。

第 **10** 章　移动 **Web** 网站应用实例：瀑布流设计

瀑布流是目前非常流行的一种页面布局方式，本章将详细介绍瀑布流的设计思路和设计方法。

10.1　瀑布流设计

10.1.1　瀑布流设计思路

瀑布流又称瀑布流式布局，是比较流行的一种手机 APP 或网站页面布局，视觉表现为参差不齐的多栏布局，随着页面滚动条向下滚动，这种布局还会不断加载数据块并附加至当前尾部。图 10.1 所示为浏览图片时的"瀑布流"功能。

图 **10.1**　浏览图片时的"瀑布流"功能

瀑布流的设计思路：

● 计算页面的宽度，计算出页面可放数据块的列数（如上图所示就有 3 列）。

● 将各个数据块的高度尺寸记入数组中（需要等所有图片加载完成，否则无法知道图片的高度）。

● 用绝对定位先将页面第一行填满，因为第一行的 top 位置都是一样的，然后用数组记录每一列的总高度。

● 继续用绝对定位将其他数据块定位在最短的一列的位置之后然后更新该列的高度。

● 当浏览器窗口大小改变时，重新执行一次上面 4 步以重新排放（列数随页面宽度而改变，因而需要重新排放）。

● 滚动条滚动到底部时加载新的数据，进来后也是定位在最短的一列的位置之后，然后更新该列的高度。

10.1.2 根据页面宽度计算排列图片

下面通过一个示例说明根据页面宽度计算出页面可以排列图片的列数。

【例 10 – 1】 编写程序，根据页面宽度计算出页面可以排列图片的列数。

在项目的目录下，创建 image 目录，并事先准备好一系列图片。

● HTML 页面程序：

```
<！DOCTYPE html>
<html>
<head>
<meta charset = "UTF – 8">
    <script  src = "../jq/jquery – 3.1.1.min.js"> </script>
</head>
<body>
    <h1>瀑布流测试（1） </h1>
  <section id = "waterfall">
<ul id = "piclist">
<li><img src = "image/0.jpg" alt = ""><span>图片 0</span></li>
<li><img src = "image/1.jpg" alt = ""><span>图片 1</span></li>
<li><img src = "image/2.jpg" alt = ""><span>图片 2</span></li>
<li><img src = "image/3.jpg" alt = ""><span>图片 3</span></li>
<li><img src = "image/4.jpg" alt = ""><span>图片 4</span></li>
<li><img src = "image/5.jpg" alt = ""><span>图片 5</span></li>
<li><img src = "image/6.jpg" alt = ""><span>图片 6</span></li>
<li><img src = "image/7.jpg" alt = ""><span>图片 7</span></li>
<li><img src = "image/8.jpg" alt = ""><span>图片 8</span></li>
<li><img src = "image/9.jpg" alt = ""><span>图片 9</span></li>
</ul>
  </section>
```

```
</body >
</html >
```

● CSS 样式设计：

```
< style type = " text/css" >
    #piclist {margin：10px auto 0 auto；padding：0；position：relative}
    #piclist li {
        width：100px；position：absolute；padding：10px；
        opacity：0；                把未排列好的数据块隐藏起来（0：完全透明，1：不透明）
    }
    img {max－width：100px；
        _width：expression_r(this. width <100px?" auto" :"100px" ) ;        定义图片宽度不大于100px
    }
</ style >
```

● JavaScript 代码设计：

```
< script type = " text/javascript" >
function flow （mh，mv）        参数 mh 和 mv 为数据块之间的间距，mh 是水平距离，mv 是垂直距离
{
    var w = document. documentElement. offsetWidth；        //计算页面宽度
    var ul = document. getElementById( " piclist" ) ;
    var li = ul. getElementsByTagName( " li" ) ;
    var iw = li[ 0 ]. offsetWidth + mh；                //计算数据块的宽度
    var c = Math. floor （w / iw）；                //计算列数

    ul. style. width = iw * c － mh + " px" ;        设置 ul 的宽度以便利用 css 定义的 margin 把所有内容居中

    var liLen = li. length；
    var lenArr = [ ] ;
    for （var i = 0；i < liLen；i ++ ） {
        lenArr. push （li[ i ]. offsetHeight） ;        遍历每一个数据块将高度记入数组
    }
    var oArr = [ ] ;
    for （var i = 0；i < c；i ++ ） {
        li[ i ]. style. top = "0" ;
        li[ i ]. style. left = iw * i + " px" ;
        li[ i ]. style. opacity = "1" ;                把第一行排放好，并将每一列的高度存放到数组 oArr 中
        li[ i ]. style[ " －moz－opacity" ] = "1" ;
        li[ i ]. style[ "filter" ] = " alpha( opacity = 100)" ;
        oArr. push （lenArr[ i ]） ;
    }
```

```
}
window. onload = function( ) {flow（10，10）};        执行图片加载
//获取数字数组的最大值
function _ getMaxValue（arr）{
    var a = arr[0]；
    for（var k in arr）{
        if（arr[k] > a）{
            a = arr[k]；
        }
    }
    return a；
}
</script >
```

程序运行结果如图 10.2 所示，调整页面宽度，所显示的图片列数会随之改变。

图 10.2　根据页面宽度，计算排开图片列数

10.1.3 确定排列图片的最短列

在前面的基础上，查找排列图片最短列的所在位置，并在该位置后面显示下一张图片。

1. 查找排列图片最短列的所在位置

```
function _ getMinKey（arr）{
    var a = arr[0]；
    var b = 0；
    for（var k in arr）{
        if（arr[k] < a）{           获取数字数组最小值的索引
            a = arr[k]；
            b = k；
        }
    }
    return b；
}
```

2. 在最短列的所在位置后面显示一张图片

图片原来就有，只是在 CSS 中被设置为透明，隐藏起来了，并重新计算该列的高度。

```
for ( var i = c; i < liLen; i++) {
    var x = _ getMinKey ( oArr); //获取最短列的索引值
    li[ i ]. style. top = oArr[ x ] + mv + "px";
    li[ i ]. style. left = iw * x + "px";
    li[ i ]. style. opacity = "1"; //让透明的图片显示出来
    li[ ]. style[ " - moz - opacity" ] = "1";
    li[ i ]. style[ "filter" ] = "alpha( opacity = 100 )";
    oArr[ x ] = lenArr[ i ] + oArr[ x ] + mv; //更新该列的高度
}
```

> 将其他数据块定位到最短的一列后面，然后再更新该列的高度

【例 10 - 2 】　在例 10 - 1 程序的基础上，找到排列图片的最短列，并在该列下方显示一张新的图片。

HTML 页面的代码及 CSS 样式的代码与例 10 - 1 相同，这里不再列出。

JavaScript 代码设计如下：

```
< script type = "text/javascript" >

function flow ( mh, mv )
```

> 参数 mh 和 mv 为数据块之间的间距，mh 是水平距离，mv 是垂直距离

```
{
    var w = document. documentElement. offsetWidth;        //计算页面宽度
    var ul = document. getElementById( "piclist" );
    var li = ul. getElementsByTagName( "li" );
    var iw = li[ 0 ]. offsetWidth + mh;                    //计算数据块的宽度
    var c = Math. floor ( w / iw ); //计算列数

    ul. style. width = iw * c - mh + "px";
```

> 设置 ul 的宽度以便利用 css 定义的 margin 把所有内容居中

```
    var liLen = li. length;
    var lenArr = [ ];
    for ( var i = 0; i < liLen; i++) {
        lenArr. push ( li[ i ]. offsetHeight );
    }
```

> 遍历每一个数据块将高度记入数组

```
    var oArr = [ ];
    for ( var i = 0; i < c; i++) {
        li[ i ]. style. top = "0";
        li[ i ]. style. left = iw * i + "px";
        li[ i ]. style. opacity = "1";
```

> 把第一行排放好，并将每一列的高度存放到数组 oArr 中

```
        li[i].style["-moz-opacity"] = "1";
        li[i].style["filter"] = "alpha(opacity=100)";
        oArr.push(lenArr[i]);
    }
}
```

> 把第一行排放好，并将每一列的高度存放到数组 oArr 中

```
for (var i=c; i<liLen; i++) {
    var x = _getMinKey(oArr);        //获取最短列的索引值
    li[i].style.top = oArr[x] + mv + "px";
    li[i].style.left = iw * x + "px";
    li[i].style.opacity = "1";        //让透明的图片显示出来
    li[i].style["-moz-opacity"] = "1";
    li[i].style["filter"] = "alpha(opacity=100)";
    oArr[x] = lenArr[i] + oArr[x] + mv;        //更新该列的高度
}
```

> 将其他数据块定位到最短的一列后面，然后再更新该列的高度

```
function _getMaxValue(arr) {
    var a = arr[0];
    for (var k in arr) {
        if (arr[k] > a) {
            a = arr[k];
        }
    }
    return a;
}
```

> 获取数字数组的最大值

```
function _getMinKey(arr) {
    var a = arr[0];
    var b = 0;
    for (var k in arr) {
        if (arr[k] < a) {
            a = arr[k];
            b = k;
        }
    }
    return b;
}
```

> 获取数字数组最小值的索引

```
window.onload = function() {flow(10, 10)};
```

> 执行图片加载

```
</script>
```

程序运行结果如图 10.3 所示。可以看到，瀑布流的雏形已经出来了。

图 10.3　在排列图片的最短列的下面显示图片

10.1.4 自动追加新图片功能

1. 改变浏览窗口的大小时，进行图片排列的重新布局

当改变浏览窗口的大小时，需要对图片排列进行重新布局。这时，只需要再执行一次 flow( ) 方法即可。其实现代码如下：

```
var re;
window. onresize = function( ) {
    clearTimeout (re);
    re = setTimeout (function( ) {flow (10, 10);}, 200);
}
```

2. 滚动到浏览窗口底部时，加载新图片

当拖动滚动条，使显示的图片滚动到浏览窗口底部时，追加新的图片，其代码如下：

```
function scroll( ) { //滚动到浏览窗口底部时，加载新的图片
    var st = oArr[ _getMinKey( oArr)];
    var scrollTop =
        document. documentElement. scrollTop > document. body. scrollTop ?
```

```
            document. documentElement. scrollTop : document. body. scrollTop;
      if ( scrollTop >= st − document. documentElement. clientHeight) {
        window. onscroll = null; //为防止重复执行，先清除事件

        _ request (null, "GetList. php", function(data) {

          _ addItem ( data. d, function( ) {
            var liLenNew = li. length;
            for (var i = liLen; i < liLenNew; i ++ ) {
             lenArr. push (li[ i ]. offsetHeight);
            }
            for (var i = liLen; i < liLenNew; i ++ ) {
             var x = _ getMinKey (oArr);
             li[ i ]. style. top = oArr[ x ] + 10 + " px";
             li[ i ]. style. left = iw ∗ x + " px";
             li[ i ]. style. opacity = " 1 ";
             li[ i ]. style[ " − moz − opacity" ] = " 1 ";
             li[ i ]. style[ " filter" ] = " alpha( opacity = 100 )";
             oArr[ x ] = lenArr[ i ] + oArr[ x ] + 10;
            }
            liLen = liLenNew;
            window. onscroll = scroll;

          });
        })
      } // if( ) _ end
}
```

当滚动到达最短的一列的距离时便发送 ajax 请求新的数据，然后执行回调函数

追加新图片至窗口底部

执行完成，恢复 onscroll 事件

其中调用的几个函数定义如下：

● 追加新图片的方法 _ addItem ( ) 定义如下：

```
function _ addItem ( arr, callback) {
  var _ html = " " ;
  var a = 0;
  var l = arr. length;
   ( function loadimg( ) {
     var img = new Image( );
     img. onload = function( ) {
        a += 1;
        if ( a == l) {
          for ( var k in arr) {
            var img = new Image( );
            img. src = arr[ k ]. img;
```

```
            _ html += ' < li > < img src = "';
            _ html += arr[k]. img;
            _ html += '" / > < a href = "#" > ';
            _ html += arr[k]. title + ' < /a > < /li > ';
        }
        _ appendhtml (document. getElementById("flow - box"), _ html);
        callback();
    }
    else {
        loadimg();
    }
}
img. src = arr[a]. img;
}) ()
}
```

- ajax 请求的 _ request( ) 方法定义如下：

```
function _ request ( reqdata, url, callback) {
    var xmlhttp;
    if ( window. XMLHttpRequest) {
        xmlhttp = new XMLHttpRequest ( ) ;
    }
    else {
        xmlhttp = new ActiveXObject ( " Microsoft. XMLHTTP" ) ;
    }
    xmlhttp. onreadystatechange = function ( ) {
        if ( xmlhttp. readyState == 4 && xmlhttp. status == 200 ) {
            var data = eval ( " ( " + xmlhttp. responseText + " ) " ) ;
            callback ( data ) ;
        }
    }
    xmlhttp. open ( " POST " , url ) ;
    xmlhttp. setRequestHeader ( " Content - Type " , " application/json ; charset = utf - 8 " ) ;
    xmlhttp. send ( reqdata ) ;
}
```

- 追加 html 页面标签 < div > 项内容的代码如下：

```
function _ appendhtml ( parent, child) {
    if ( typeof ( child) == " string" ) {
        var div = document. createElement ( " div " ) ;
        div. innerHTML = child;
        var frag = document. createDocumentFragment ( ) ;
```

```
(function ( ) {
    if ( div. firstChild) {
        frag. appendChild ( div. firstChild) ;
        arguments. callee( ) ;
    }
    else {
        parent. appendChild ( frag) ;
    }
}) ( ) ;
}
else {
    parent. appendChild ( child) ;
}
}
```

3. 具有自动添加新图片功能的瀑布流完整程序

【例 10 –3 】 编写能自动添加新图片的瀑布流程序。

● 页面程序代码如下：

```
< ! DOCTYPE html >
< html >
< head >
< meta charset = " UTF –8" >
< title > 瀑布流 jquery 版本测试 </title >
    < script  src = " . . /jq/jquery –3. 1. 1. min. js" > </script >
< style type = " text/css" >
    #piclist {margin：10px auto 0 auto; padding：0; position：relative}
    #piclist li {
width：100px; position：absolute; padding：10px;
opacity：0;
}
    img {max – width：100px;
        _ width：expression_ r ( this. width <100px?" auto" :"100px" ) ;
    }
</style >
< script type = " text/javascript" >
    function flow ( mh, mv) {
        var w = document. documentElement. offsetWidth;      //计算页面宽度
        var ul = document. getElementById( " piclist" ) ;
        var li = ul. getElementsByTagName( " li" ) ;
        var iw = li[ 0]. offsetWidth + mh;                      //计算数据块的宽度
```

```
        var c = Math. floor（w / iw）;                    //计算列数
        ul. style. width = iw * c - mh + " px";          //设置 ul 的宽度
        var liLen = li. length;
        var lenArr = [ ];
        for（var i = 0; i < liLen; i++）{                 //遍历每一个数据块将高度记入数组
            lenArr. push（li[ i]. offsetHeight）;
        }
        var oArr = [ ];
        for（var i = 0; i < c; i++）{
            li[ i]. style. top = "0";
            li[ i]. style. left = iw * i + " px";
            li[ i]. style. opacity = "1";
            li[ i]. style[" - moz - opacity"] = "1";
            li[ i]. style[" filter"] = " alpha（opacity = 1）";
            oArr. push（lenArr[ i]）;
        }
        for（var i = c; i < liLen; i++）{        //将其他数据块定位到最短的一列后面
            var x = _ getMinKey（oArr）;         //获取最短的一列的索引值
            li[ i]. style. top = oArr[ x] + mv + " px";
            li[ i]. style. left = iw * x + " px";
            li[ i]. style. opacity = "1";
            li[ i]. style[" - moz - opacity"] = "1";
            li[ i]. style[" filter"] = " alpha（opacity = 100）";
            oArr[ x] = lenArr[ i] + oArr[ x] + mv;   //更新该列的高度
        }
    function scroll（）{                         //滚动加载数据
var st = oArr[ _ getMinKey（oArr）];
var scrollTop =
    document. documentElement. scrollTop > document. body. scrollTop?
    document. documentElement. scrollTop : document. body. scrollTop;
if（scrollTop >= st - document. documentElement. clientHeight）{
    window. onscroll = null;                     //为防止重复执行，先清除事件
        _ request（null," http://localhost/test/GetList. php", function（data）{
        //当滚动到达最短的一列的距离时便发送 ajax 请求新的数据，然后执行回调函数
        _ addItem（data. d, function（）{           //追加数据
            var liLenNew = li. length;
            for（var i = liLen; i < liLenNew; i++）{
                lenArr. push（li[ i]. offsetHeight）;
            }
            for（var i = liLen; i < liLenNew; i++）{
```

```
                var x = _ getMinKey ( oArr ) ;
                li[ i ] . style. top = oArr[ x ] + 10 + " px" ;
                li[ i ] . style. left = iw * x + " px" ;
                li[ i ] . style. opacity = " 1 " ;
                li[ i ] . style[ " – moz – opacity" ] = " 1 " ;
                li[ i ] . style[ " filter" ] = " alpha ( opacity = 100 ) " ;
                oArr[ x ] = lenArr[ i ] + oArr[ x ] + 10 ;
            }
            liLen = liLenNew ;
            window. onscroll = scroll ;     //执行完成，恢愎 onscroll 事件
        } ) ;    //_ addItem ( ) – – end
    } ) //_ request( ) – – end
} // if( ) – – end
    }
window. onscroll = scroll ;
    }
//图片加载完成后执行
window. onload = function( ) { flow ( 10, 10 ) } ;
//改变窗口大小时重新布局
var re ;
window. onresize = function( ) {
clearTimeout ( re ) ;
re = setTimeout ( function( ) { flow ( 10, 10 ) ; } , 200 ) ;
}
//追加项
function _ addItem ( arr, callback) {
    var _ html = " " ;
    var a = 0 ;
    var l = arr. length ;
    ( function loadimg( ) {
        var img = new Image( ) ;
        img. onload = function( ) {
            a += 1 ;
            if ( a == 1 ) {
            for ( var k in arr) {
                var img = new Image( ) ;
                img. src = arr[ k ] . img ;
                _ html += ' < li > < img src = "' ;
                _ html += arr[k]. img ;
                _ html += '" / > < a href = "#" > ' ;
```

```
                _ html += arr[k]. title + ' </a > </li > ';
              }
              _ appendhtml (document. getElementById("flow – box"), _ html);
              callback();
            } else {
              loadimg();
            }
          }
        img. src = arr[a]. img;
      }) ()
    }
//ajax 请求
function _ request (reqdata, url, callback) {
    var xmlhttp;


    if (window. XMLHttpRequest) {
      xmlhttp = new XMLHttpRequest();
    }
    else {
      xmlhttp = new ActiveXObject("Microsoft. XMLHTTP");
    }
    xmlhttp. onreadystatechange = function () {
    if (xmlhttp. readyState == 4 && xmlhttp. status == 200) {
      var data = eval("(" + xmlhttp. responseText + ")");
      callback (data);
    }
}
    xmlhttp. open("POST", url);
    xmlhttp. setRequestHeader("Content – Type", " application/json; charset = utf – 8");
    xmlhttp. send (reqdata);
}
//追加 html
function _ appendhtml (parent, child) {
    if (typeof (child) == "string") {
      var div = document. createElement("div");
      div. innerHTML = child;
      var frag = document. createDocumentFragment();
      (function() {
        if (div. firstChild) {
          frag. appendChild (div. firstChild);
```

```
            arguments. callee();
        }
            else {
            parent. appendChild  (frag);
        }
        }) ();
    }
    else {
        parent. appendChild  (child);
    }
}
window. onload = function() {flow  (10, 10)};
//获取数字数组的最大值
function _ getMaxValue  (arr) {
    var a = arr[0];
    for (var k in arr) {
     if (arr[k]  >  a) {
      a = arr[k];
     }
    }
    return a;
}
//获取数字数组最小值的索引
function _ getMinKey  (arr) {
        var a = arr[0];
        var b = 0;
        for (var k in arr) {
            if (arr[k]  <  a) {
                a = arr[k];
                b = k;
            }
        }
        return b;
}
</ script >
</ head >
< body >
< h1 > 瀑布流测试  (3)  </ h1 >
< section id = "waterfall">
< ul id = "piclist">
```

```
< li > < img src = "image/0. jpg" alt = ""> < span >图片 0 < /span > < /li >
< li > < img src = "image/1. jpg" alt = ""> < span >图片 1 < /span > < /li >
< li > < img src = "image/2. jpg" alt = ""> < span >图片 2 < /span > < /li >
< li > < img src = "image/3. jpg" alt = ""> < span >图片 3 < /span > < /li >
< li > < img src = "image/4. jpg" alt = ""> < span >图片 4 < /span > < /li >
< li > < img src = "image/5. jpg" alt = ""> < span >图片 5 < /span > < /li >
< li > < img src = "image/6. jpg" alt = ""> < span >图片 6 < /span > < /li >
< li > < img src = "image/7. jpg" alt = ""> < span >图片 7 < /span > < /li >
< li > < img src = "image/8. jpg" alt = ""> < span >图片 8 < /span > < /li >
< li > < img src = "image/9. jpg" alt = ""> < span >图片 9 < /span > < /li >
< li > < img src = "image/10. jpg" alt = ""> < span >图片 10 < /span > < /li >
< li > < img src = "image/11. jpg" alt = ""> < span >图片 11 < /span > < /li >
< li > < img src = "image/12. jpg" alt = ""> < span >图片 12 < /span > < /li >
< li > < img src = "image/13. jpg" alt = ""> < span >图片 13 < /span > < /li >
< li > < img src = "image/14. jpg" alt = ""> < span >图片 14 < /span > < /li >
< li > < img src = "image/15. jpg" alt = ""> < span >图片 15 < /span > < /li >
< li > < img src = "image/16. jpg" alt = ""> < span >图片 16 < /span > < /li >
< li > < img src = "image/17. jpg" alt = ""> < span >图片 17 < /span > < /li >
< li > < img src = "image/18. jpg" alt = ""> < span >图片 18 < /span > < /li >
< li > < img src = "image/19. jpg" alt = ""> < span >图片 19 < /span > < /li >
< li > < img src = "image/20. jpg" alt = ""> < span >图片 20 < /span > < /li >
< /ul >
< /section >
< /body >
< /html >
```

● 服务器端程序 GetList. php 的代码如下：

```
<? php
  header( " Content – Type：application/json；charset = utf – 8" ) ;
  echo ( ' {" d": [
      {" img": "http：//localhost/test/image/1. jpg", " title": "图片 1"},
      {" img": "http：//localhost/test/image/2. jpg", " title": "图片 2"},
      {" img": "http：//localhost/test/image/3. jpg", " title": "图片 3"},
      {" img": "http：//localhost/test/image/4. jpg", " title": "图片 4"},
      {" img": "http：//localhost/test/image/5. jpg", " title": "图片 5"},
      {" img": "http：//localhost/test/image/6. jpg", " title": "图片 6"},
      {" img": "http：//localhost/test/image/7. jpg", " title": "图片 7"},
      {" img": "http：//localhost/test/image/8. jpg", " title": "图片 8"},
      {" img": "http：//localhost/test/image/9. jpg", " title": "图片 9"},
      {" img": "http：//localhost/test/image/10. jpg", " title": "图片 10"},
      {" img": "http：//localhost/test/image/11. jpg", " title": "图片 11"},
```

```
{" img": "http: //localhost/test/image/12. jpg", " title": "图片 12"},
{" img": "http: //localhost/test/image/13. jpg", " title": "图片 13"},
{" img": "http: //localhost/test/image/14. jpg", " title": "图片 14"},
{" img": "http: //localhost/test/image/15. jpg", " title": "图片 15"},
{" img": "http: //localhost/test/image/16. jpg", " title": "图片 16"},
{" img": "http: //localhost/test/image/17. jpg", " title": "图片 17"},
{" img": "http: //localhost/test/image/18. jpg", " title": "图片 18"},
{" img": "http: //localhost/test/image/19. jpg", " title": "图片 19"},
{" img": "http: //localhost/test/image/20. jpg", " title": "图片 20"}
]} '
     );
 ? >
```

程序运行结果如图 10.4 所示。

图 10.4　具有自动添加新图功能的瀑布流

10.2 手机 APP 瀑布流程序示例

前面详细分析和演示了瀑布流程序的设计过程，下面给出一个完整的手机 APP 瀑布流程序。

1. 编写程序代码

（1）编写自定义 jQuery 插件

实现瀑布流功能，代码保存为 jquery. waterfall. js 文件。其代码如下：

```
(function ($) {
  $. fn. extend ({
    //实现瀑布流
    "waterfall" :function(options) {
      options = $. extend ({
        "flowNum" : 3,           //列数
        "flowWidth" : 110,       //每列宽度230(像素值)    定义瀑布流结构参数
        "defRowNum" : 5,         //页面打开时默认显示的行数
        "imgArr" : []            //图片信息数组
      }, options);
      var flowNum = options. flowNum;
      var flowWidth = options. flowWidth;         将结构成员设置为变量，以方便调用
      var defRowNum = options. defRowNum;
      var imgArr = options. imgArr;
      //获取图片数组信息
      var imgIndex = 0;            //图片数组当前索引
      var imgCount = imgArr. length;    //图片数组总数
      //缓存常用对象
      var $document = $ (document);
      var $window = $ (window);          定义缓存对象，以方便调用
      var $wrapDiv = this;
      //创建列
      var $flowDiv = $ (createFlow());
      //将 flowDiv 放入父容器          定义列对象
      $wrapDiv. html ($flowDiv);
      //自动撑大以显示滚动条
      $wrapDiv. css("min – height", $window. height());
      //页面打开时默认显示的内容
      autoFill();  ——  页面打开时执行自动填充
      //滚动条事件
```

```
$ window. scroll ( function( ) {
    if ( isScrollBottom( ) ) {
        shortFill( ) ;                //最短列填充 1 张图片
        $ wrapDiv. css( " min - height " ,
            ( $ wrapDiv. height( ) + 20) + " px " ) ;//自动撑大滚动条
    }
} ) ;
//根据列数创建元素
function createFlow( ) {
    var str = ';
    str += ' < div class = "water - flow" style = "width: ';
    str += flowWidth;
    str += 'px" > </div>';
    return new Array (flowNum + 1) . join (str);
}
```

构建页面元素

```
//创建图片元素
function createImage (src) {
    var strdiv = ';
    strdiv += ' < div class = "water - each"> <img src = "';
    strdiv += src;
    strdiv += '" / > </div>';
    return strdiv;
}
//自动填充
function autoFill(){
    //遍历图片数组
    for (var i = 0; i < defRowNum; i++) {
        rowFill();
    }
}
```

自动填充图片

```
//填充一行
function rowFill(){
    for (var i = 0; i < flowNum; i++) {
        if (imgIndex < imgCount) {
            var $ imgDiv = $ (createImage (imgArr[imgIndex++]));
            $ flowDiv. eq (i) . append ( $ imgDiv);
            $ imgDiv. fadeIn (500);        //以淡入效果显示
        }
    }
}
```

按定义的列数
填充图片

```
//为最小高度的一列增加一张图片
function shortFill(){
    if (imgIndex < imgCount) {
        var $imgDiv = $ (createImage (imgArr[imgIndex++]));
        getShortFlow(). append ($imgDiv);
        $imgDiv. fadeIn (1000);         //以淡入效果显示
    }
}
```

在最短列中填充图片

```
//获取最短的一列
function getShortFlow(){
    var $flowMin = $flowDiv. eq (0);
    $flowDiv. each (function(){
        if ($ (this) . height() < $flowMin. height()) {
            $flowMin = $ (this);
        }
    });

    return $flowMin;
}
```

找到最短列

```
//判断滚动条是否滚动到底部
function isScrollBottom(){
    var docHeight = $document. height() – $window. height();
    var docScrollTop = $document. scrollTop() + 80;
    return docScrollTop >= docHeight;
    }
    }
    });
}) (jQuery);
```

设置滚动条

（2）编写样式文件 style. css

其代码如下：

```
body {margin：0；padding：0；color：#333；font – family：'Microsoft YaHei';}
body {background: url (. . /images/bg. jpg) no – repeat fixed left top;}
a {text – decoration: none; color: #333; font – size: 40px;}
. box {width: 340px; margin: 0 auto; text – align: center;}
//瀑布流
. water {margin: 0 auto; overflow: hidden;}
. water – flow {float: left;}
. water – each {font – size: 0; border: 10px solid #fff;
      box – shadow: 0px 1px 2px 1px #ddd; margin: 6px 3px; display: none;}
. water – each: hover {box – shadow: 0px 1px 2px 1px #bbb;}
```

. water – flow img {width: 100%;}

（3） 编写页面文件 index. html

其代码如下：

```html
<! DOCTYPE html >
< html >
< head >
    < meta charset = " utf – 8" >
    < link rel = " stylesheet"  href = " . /css/style. css" / >
    < script src = " . . /jq/jquery – 3. 1. 1. min. js" > </ script >
</ head >
< body >
    < div class = " box" >
        < a href = " . /ex10_2. html"  class = " curr" > 瀑布流 </ a >
        <! ––准备一个空 div –– >
        < div class = " water" > </ div >        ──── class = "water"的空 < div >，用于显示图片
    </ div >
<! –– 引入前面封装的插件 –– >
< script src = " . /js/jquery. waterfall. js" > </ script >        ──── 引用自定义插件
< script >
    $  ( function ( ) {
        var imgArr = createImageArr( );        ──── 创建图片列表数组对象
        console. log  ( imgArr);
        $ ( ". water" )  . waterfall({ "imgArr"： imgArr });    ──── 调用插件并传递图片列表对象参数
    });
    function createImageArr( ) {
        var imgArr = [ ];
        for  ( var i = 0； i < 100； i + + )  {
            imgArr[ i ] = ". /image/" + i + ". jpg" ；        定义图片列表数组
        }
        return imgArr；
    }
</ script >
</ body >
</ html >
```

2. 应用 Phonegap， 封装成跨平台的手机 APP 应用程序

（1） 创建应用项目 Ex10_ 4

打开 Node 窗口， 创建 Phonegap 应用项目 Ex10_ 4 的应用项目框架， 复制下列文件：

- 把自定义的插件 jquery. waterfall. js 复制到应用项目的 www \ js 目录下。
- 把 style. css 复制到应用项目的 www \ css 目录下。
- 把 index. html 复制到应用项目的 www 目录下，替换系统自动生成的 index. html 文件。

（2）**编译并运行程序**

执行编译和运行程序的命令：

phonegap   run   android

程序运行结果如图 10.5 所示。

图 10.5　手机 APP 的瀑布流